任白——著

盲点

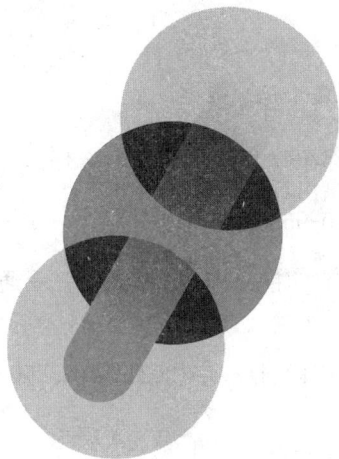

聪明人都在做
你想不到的事

BLIND
SPOT

中国水利水电出版社
www.waterpub.com.cn
·北京·

内 容 提 要

在思考事情或解决问题时，我们的大脑总是不由自主地陷入思维定式、先入为主、经验法则、只见树木不见森林等思维怪圈中，从而出现思维盲点。唯有意识到我们的思维盲点，才能跳出有限却往往不自知的思考框架。《盲点：聪明人都在做你想不到的事》从反常识、反依赖、反惰性、反定式、反从众、反主观六个方面，告诉你如何避免思维盲点，赚到你认知以外的钱。

图书在版编目（CIP）数据

盲点：聪明人都在做你想不到的事 / 任白著. --
北京 : 中国水利水电出版社，2021.6
ISBN 978-7-5170-9556-9

Ⅰ. ①盲… Ⅱ. ①任… Ⅲ. ①思维方法－通俗读物
Ⅳ. ①B804-49

中国版本图书馆CIP数据核字(2021)第073366号

书　　　名	盲点：聪明人都在做你想不到的事 MANGDIAN: CONGMINGREN DOU ZAI ZUO NI XIANGBUDAO DE SHI
作　　　者	任白 著
出 版 发 行	中国水利水电出版社 （北京市海淀区玉渊潭南路1号D座　100038） 网址：www.waterpub.com.cn E-mail：sales@waterpub.com.cn 电话：（010）68367658（营销中心）
经　　　售	北京科水图书销售中心（零售） 电话：（010）88383994、63202643、68545874 全国各地新华书店和相关出版物销售网点
排　　　版	北京水利万物传媒有限公司
印　　　刷	唐山楠萍印务有限公司
规　　　格	146mm×210mm　32开本　8.5印张　170千字
版　　　次	2021年6月第1版　2021年6月第1次印刷
定　　　价	49.80元

在我们的日常生活中，几乎每个人都存在着程度或重或轻的思维盲点。它有时顽固而直接地体现在行为中，让我们事后颇为烦恼；但更多的时候，它隐蔽地渗透于我们的思考中，并不是那么容易被察觉。所以大部分人意识不到它的存在，在做出一些错误的选择时甚至会有理所当然的想法。

在开始撰写本书的几天前，我恰好读到了一则与思维有关的故事。有一家公司的部门主任把下属叫过来，问了他一个问题："有一个聋哑人到五金超市买钉子，他左手按在柜台上做持钉状，右手对着左手做捶打状，柜员拿来一把锤子，他摇头，并且指了一下自己的左手，柜员明白了，拿出钉子递给他，聋哑人满意地离开。接着又来了一位盲人，他是来买剪刀的。这位盲人应该怎么做，才能让柜员准确地明白他要买的东西是剪刀呢？"

这名下属是硕士研究生毕业，刚到公司上班两个月。他不假思索地回答："这很简单嘛，盲人只需要伸出右手的食指和中指，对柜员比画一下剪刀的形状就可以了！"

主任凝视着他："是这样吗？"

下属说："应该是吧？"然后突然沉默了。他马上意识到了自己的错误，盲人只需要张口说他要买剪刀就可以了，因为盲人是可以说话的。

这个小故事很符合我们这本书的主旨——作为一位聪明的人，为何也会犯如此低级的判断失误？原因并不是偶然的。这名高才生之所以在分析问题时将盲人和聋哑人同等对待，是因为他受到了惯性思维的影响——将分析聋哑人行为时的思维逻辑套用到了盲人身上，由此产生了思维的盲点。

惯性思维当然有很多好处，我们不能否认。因为惯性思维实质上是人们在长期的工作、生活中，通过总结平时的经验而产生的一些固定的思维模式。由于这些经验和常识在解决问题时非常有用，于是潜移默化地形成了思维的定式。有了这些定式的存在，我们在处理同类问题时就能少走许多弯路，节省大量宝贵的时间。因此，惯性思维会随着人的阅历、经验的丰富而增长。

但是，当我们遇到新的情况时，惯性思维的弊端就显露出来了。

第一，它习惯性地运用旧方法处理新问题，经验因此变成了一种针对思维的"枷锁"。

第二，它对思维创造性形成了强大的阻碍，对经验的依赖容易使人失去创新的动力。

第三，它在解决常规问题时对人的思维产生了许多教条式的束缚，让人循规蹈矩，不敢越雷池半步。

一家公司的总裁A先生打电话给下属C安排任务："公司现在在华北地区有项目的优势，你马上将公司注册为当地的供应商，详情见我的邮件。"C的工作经验十分丰富，执行力也很强。他收到老板的邮件后立刻行动起来，制订了详细的行动计划：

1.仔细了解注册供应的流程。

2.收集信息，准备相关资料，列出步骤和文件清单。

3.把文档发给相关部门的负责人，并且随时跟进。

4.协同提交注册信息，联系注册机构询问审核结果。

5.完成公司注册，向老板汇报。

制订好计划后，他便紧张地忙碌起来，用了一个上午的时间完成准备工作，将资料发给部门负责人。几分钟后，对方却反馈了一个令他出乎意料的重要信息："我们公司好像早就注册了。"C赶紧打开注册信息查询页面，果然在供应商的列表中查到了他们公司的名字。

此时，C的心态无疑是崩溃的。他浪费了四个小时的精力，亢奋地投入到这件事情当中，到最后才发现所做的工作都是没有必要的。造成这种结果的"罪魁祸首"就是在过去的工作中十分奏效的思维习惯。接到老板的电话后，C的思维是按照过去的思维运转的："老板安排我为公司注册，邮件中写得很明确，我当然要把这件事办好！"

基于对老板无条件的信任和服从，C一开始就认定了目标的不可置疑性，这就使他对工作的认识被束缚在一个单向度的思考模式中："我要为公司完成注册。"还有一个思维定式在提示他：既然老板提出了注册的要求，说明公司之前没有注册过。因此，他完全想不到拿出几分钟的时间先去注册页面看一看。如果可以查询到注册信息，他就能节省几个小时的时间和减少资源损失。

由此可见，缺乏必要的应变性是导致思维盲点的原因之一。在惯性的驱使下，人们会一味地依照昨天的经验，一厢情愿地认为所有的事情都是有迹可循、有规可依的，以为自己已经掌握的思考方式和做事方法可以一直沿袭下去。但是，每一天都有无数的新鲜事物被创造出来，环境也在时时刻刻发生着变化。没有一成不变的东西，也不再有绝对正确的理论，很多过去行之有效的常识早已被颠覆，全新的规则正在被创造出来。要准确地认知与适应这个新的世界，我们就不能再沿用旧习惯，也不能再固守头脑中的那些不合时宜的思维定式。

这正是本书强调并且倡导的思维理念——必须打破惯性思维，突破思维盲点，改造传统常识，用创新和发展的眼光看问题，并训练和提升我们的思维模式。本书不仅阐述了不同的思考方式是如何深刻地影响人的命运，而且为读者总结了避免思维盲点的实用方法，告诉读者应该如何辩证地思考问题，抓住问题的关键点，做到具体问题具体分析，最终实现思维的自立，对生活和工作均产生实质性的帮助。

英国的科学天才贝尔纳说："妨碍人们创新的最大障碍，并不是未知的东西，而是已知的东西。"正是庞大的"已知"构成了我们头脑中的智慧，形成了强大的惯性思维的基础。现在，创新已经成为全世界的时代精神，受到各个行业前所未有的重视。为了实现创新，就要先改造我们的头脑，开阔视野，对生活和工作进行全新的、高效的思考。

为了学习和提升自己的思维能力，我们每个人都要成为一个"造表"人，而非"报时"人。这对形成独立的、创造性思维的目标来说，具有无比重要的意义！但这个目标真正实现起来，又是如此之难。无论我们的思维多么严谨，意外总会发生。因为思维盲点是极其顽固且难以被觉察的存在，经常会使工作在不知不觉中偏离方向，让我们钻进死胡同，浪费了成本，也让日常的决策和行动变得非常低效。

对做好工作而言，令到即行的坚定执行力固然令人称道，但这种优点所形成的惯性思维也会使C先生在高效的行动中犯下一些"善意的错误"：明明满怀热情地投入工作，最后却发现自己的努力完全走错了方向，不但劳而无功，而且打击了自己的信心。如何避免类似错误的发生？正是我希望这本书可以为读者解决的问题。

突破思维的惯性，最简单地说，就是要多问一句"为什么"，多想一次"还有没有更好的办法"，战胜原有的思维惯性，反向审视眼前的事物，并要学会从不同的角度去思考问题，从常识和经验的反面看一看有什么因素是尚未想到的，并且结合自己的实际需要找到不同的解决方法。因此，我不仅在书中针对各种复杂的情况提出了改进思维方式的应对之策，也结合不同行业的实际情况总结了许多可以灵活执行的思考原则。

我衷心地希望，在改造自身的惯性思维、进行突破性的创新等方面，读者能够从书中获取到有益的知识。哪怕仅能解决一小部分问题，也将是本书莫大的荣幸。同时本书也为人们设定了一些参考目标，通过对发生在身边的案例的分析和探讨，我们可以清楚地看到自身的思维正在发生哪些问题，然后制订目标，发现有效的、简捷的提升途径，进而能够真正地看到问题，并解决问题。

在这个世界上，能够把你限制住的从来都不是别人，只有你自己的思维。我希望本书不仅是一门思维层面的精进课程，也能为你提供一些辩证看待成败得失的人生智慧，让你从思维盲点的困境中从容地跳出来，从此海阔天空、自由且创造性地思考。

目录

PART 7 反主观
别活在自己的小世界

结语
如何运用本书

PART 1

我们是如何思考的

当你做完一件事情感到后悔与自责时，可能你并没有意识到，并不是你的行动出现了问题，而是你在思考时就已经犯下了错误。

思考的动机

让我们产生思考的是问题，不是行为

曾担任麦肯锡日本分公司董事长的经济评论家大前研一写下了《思考的技术》一书，他认为思路决定人的出路："人们缺乏的不是做事的技能，而是缺少揭发事物本质的动力和好奇心，缺少怀疑一切的心态和对固有模式的怠惰。"在大前研一看来，人的命运之所以有大的不同，主要是因为人和人的思考力的差距。正确的思考不但能洞悉事物的本质，还要打破线性思维的束缚。

大前研一将思考当作一门技术，强调了它的重要性。但在我看来，思考的本质还与人的命运息息相关。

我经常和同事讨论一个话题："在乐观主义者、悲观主义者、现实主义者、理想主义者这四种人群中，具有哪种性格的人更容易成功呢？"我们在长期和大量的研究中发现，只有同时兼具乐

观与现实两种品质的人才更容易成功，也更容易获得幸福。这种人的性格被称为"现实的乐观主义"——他们既拥有乐观主义者的积极心态，又会用悲观主义者的清醒来判断机会。他们不像过度乐观主义者那样热衷于欺骗自己，也不像极端悲观主义者那样对一切都自暴自弃。在麻烦来临时，他们懂得用理性的、与大众保持距离的思考来解决问题。

有的人把这归结于性格、基因、前辈的熏陶或者某种不可言说的天赋，但我却觉得这是因思考模式的不同而产生的偏差。我们很多人都听过两个推销员去沙漠里卖鞋子的故事：一个推销员见那里没有人穿鞋，就觉得不会有人买他的鞋子，结果失望而归；而另一个推销员却喜出望外，认为这是一个绝佳的机会，完全没有开发过的市场，意味着他的鞋子将会大卖。两名推销员的能力没什么差距，只是思考的模式与思维的特性有所不同，却产生了截然不同的判断，进而形成了命运的分野。

有人问我："为什么出现问题时，你从不指责一个人行动的过失，而是追究他思考的责任呢？"是的，我很少建议人们在自己的行动中寻找答案，更希望每个人都可以清楚地知道自己是如何做决定的。

在回答这个问题之前，读者有必要先回答另一个问题：我们为什么会行动？

答：因为大脑有了想法。

那么大脑的想法是什么?

答：想法就是动机。

任何行为的产生都有它的动机，而动机源于我们的愿望和目的。这一切都要依靠基于既定逻辑的思考来完成。因此，捋顺这一逻辑你就会明白，产生问题的根源是思考，是我们的思维模式，而非某种具体的或对或错的行为。

有时候，你做完一件事情之后就会后悔，为自己的行为自责。这时你有没有意识到，问题的发生并不是在行动中才出现"变质"，而是在你思考的时候就已经犯下了错误?

我们为事情的发展做了不准确的定位，从而衍生出了错误的动机并且付诸了行动。你的思维决定了你的行动。动机产生了思考，思考产生了行动，错误的思考决定了错误的行动，产生的动机便是冲动。

美国的某支部队里有一个名叫史密斯的21岁青年，他在参军入伍三年后因故意杀人而入狱。事情是这样的：在部队的一次用餐中，史密斯因为自己小组的饭菜比别的小组少，便抱怨了几句，值班的长官听到后过来打了他一个耳光。史密斯顿时感觉自己受到了奇耻大辱，非常恼火。他立刻跑回宿舍，取回中午进行射击训练后还没有上交的自动步枪，冲回来将值班的长官当场打死，并且打伤了几名战友。

史密斯在悔过书中写道："那一瞬间的冲动使我丧失了理智，由一名光荣的士兵变成了杀人的暴徒，现在又成了阶下囚。我希望自己的战友谨记：在工作和生活中，难免会产生摩擦，如果你们都像我一样，心胸狭窄，容不得半点儿委屈，就会因为冲动而犯下大错。"

从史密斯的案例看来，他之所以产生杀人的动机，是因为长官那一巴掌带给他的羞辱令他无法忍受——再想想平时的训练中这个不可一世的家伙是如何欺辱自己的，怒火更盛，于是便想让长官受到"吃枪子"的惩罚。当这个动机产生时，便注定他将在情绪的失控和报复的冲动之下犯下无法挽回的大错。

也许我们可以把这归咎于偶尔的情绪冲动带来的错误选择，但从本质上说，史密斯之所以做出这种行为，是因为他的思考在源头上便出现了问题。动机错误时，思考产生的一定是负价值。

在整个过程中，史密斯完全没有思考过任何的后果吗？他在拿枪的时候肯定想过：我受到了不公平的对待，这本该是他的错，但他却打了我。他让我蒙羞，我就要让他为自己的行为付出代价。杀死他，让他再也没有机会为自己的行为后悔，这是对一个人最严厉的惩罚。

开枪的行为无论冲动与否，肯定是在思维的支配下产生的。

之所以产生糟糕的后果，是因为思考的动机就是错误的。显而易见，史密斯在拿枪的过程中产生的思考动机是惩罚对方，而不是伸张正义。如果他能够稍微为整件事减速，哪怕是沉思一分钟，就会意识到开枪的后果。当他能制止冲动的惯性时，结果可能完全不同。

不同的思考动机会产生不同的行为结果，这与一个人的性格和长期养成的思维惯性有着无法割裂的关系。比如，史密斯入伍时19岁，正处于发展思维的时期，心理承受能力有限，也容易冲动，对突如其来的一个耳光无法承受，是可以理解的。但残酷的攻击行为则会铸成悲剧。

我们在餐馆中吃饭时总能见到一种不和谐的现象。

A是排在前面的客人，他点餐后，来了一位客人B。在一段时间的等待之后，A发现B的上餐速度比自己快，于是拍着桌子大叫："服务员，我是先来的，怎么那桌的上菜速度比我快？你们的服务态度有问题！"

服务员通常会面带微笑地解释："对不起先生，让您久等了。因为您点的菜是热菜，这个稍微需要一点儿时间。那边的客人点的全是熟食和冷菜，所以要快一点儿。"

从A的表现中，我们能看到他思考动机的不成熟——他对别人的怠慢不能容忍，以为对方看不起自己，这挑战了他的尊严。

拍桌子表明他的内心已经产生了误会，这种思考动机强烈地督促他想办法教训对方，以示自己尊严的不容侵犯性。这是他的出发点。但他完全可以换一种方式来表达自己的诉求，比如催促服务员快点儿上菜，或者与餐厅交涉，说自己赶时间，如果再不上菜就要退订之类。后者的思考动机才是为了解决问题，前者除了能展示自己的霸道之外，对解决问题毫无帮助。

我们对于问题的认识，取决于我们的心理是不是能够保持平衡，情绪是不是处在稳定的状态。有些人在生活和工作中考虑问题时比较直观，认为只要合自己胃口的就是对的，不合胃口的就难以容忍，这就叫作是非混淆。如果人分不清是非，命运也不会对你公平以待。

我们也知道，一个人的修养不是一朝一夕养成的，环境对于修养的形成有很大影响。容易冲动的人脾气往往不好，有的甚至很暴躁，在生活和工作中极易和别人产生矛盾。他的动机是什么？矛盾的起因并不是什么大事，很多时候只是一句话而已。如果偶尔发生一次，对于生活并不会有太大影响，但经常如此，亲朋好友、同事和客户等就会对他敬而远之，他的人生将遭遇重大挫折。这时，思考就彻底改变了命运。

因此，要学会从源头上控制和改变我们的思考，比如忍一时风平浪静，退一步海阔天空。当怒火熊熊燃烧时，思考的惯性所产生的一定是发泄、报复或破坏的行为，一定不要轻易地顺从思考的本能反应。

　　就像每当有人在会议室拉弓搭箭准备争吵时，我都会说："嘿，深呼吸，停一下！"停一下，就是审视我们的动机。等情绪平静之后再去考虑这件事情，你会发现自己打破了思考的惯性，成功地找到了解决问题的有效途径。

惯性思维综合征

大部分的人在"封闭的盒子"里思考

人们在各个方面都强调不要被惯性思维束缚头脑，但究竟什么是惯性思维？它对生活有什么危害？简单地说，一个人思考问题时的思路是单向的，总是不自觉地遵循以前的思考习惯——就像子弹依靠惯性射击物体，汽车在公路高速直行，都很难及时改变方向一样。这就是惯性思维。它会造成思考的盲点，比如缺乏创新、不愿意对现状做出改变、经验主义和抗拒别人对自己观点的否定，等等。在本质上，惯性思维就是大脑对"成功经验"和"成熟模式"的坚持。

模板思维：从惯性到线性

惯性思维很容易成为定式，或者说在大脑中形成一个固定的模板，让所有的思维活动都在这个模板里面进行，形成固定的思维模式及路线，思考的方式与做出的决定的风格都是完全可以预见的。

给你两张人物画像，一张画像上的人一表人才，另一张獐头鼠目，两人之中有一个是罪犯，你会指认哪一个？如果你的第一反应是獐头鼠目的那个人，就是惯性思维在作怪。可实际上，长相并不能决定一个人是否有犯罪基因。

在发现澳大利亚的黑天鹅之前，所有的欧洲人都认为天鹅是白色的，不会有其他颜色。因此，欧洲人用"黑天鹅"代指那些不可能存在的事物。但当第一只黑天鹅被发现时，人们的惯性认识被打破了，它在思想上给人们带来了巨大的冲击——人们总是视而不见的事物也许一直存在于我们的身边，只不过我们被强大的思维习惯遮蔽了头脑，被经验挡住了视野。

最经典的反惯性思维的案例，莫过于苏联改进破冰船的故事。传统的破冰方式是利用船本身的重量，加上船的动力，以撞击的方式来达到目的。但是这样做就得加强船头的强度，并且船的动力也要不断加强，用强有力的冲撞维持船的破冰力。但是即便如此，遇到一定厚度的冰时破冰船也会无能为力。后来，苏联科学家进行了创新，他们打破原有的思维，进行反向思考，把破冰的方式由原来的下压撞击改为下潜上浮，即把船头潜入水中，利用水的浮力由下往上破冰，浮力加上船的重量，破冰的效率自然成倍增长。

在某些时候，我们要勇于突破常识、习惯或经验的束缚，从惯性的驱动下走出来，重新认识事物，思考问题。只有打破了惯性思维，我们才能成功，或者认清事物的本质。

什么是线性思考？顾名思义，它就像一根"思维之线"，单向前进，并且缺乏变化。与惯性思维相比，线性思考引发的问题更为严重，它是前者的升级版，是具体的思考与行为方式。形象地说，它就如同我们的大动脉，返流则不通，因为受到了人体结构的限制。当人的头脑按照线性思考想问题时，他不仅会受到常识和经验的局限，还会被方向约束，很难调整自己思维的方向。与之相反的是非线性思考，这种思维方式即反惯性，也就是将单向的线性思考转化为发散性思考，它可以让我们的思想千变万化，灵活地应对问题。

去年，我带着家人去青岛旅游，在海边遇到了一位钓鱼的老人。老人看起来运气不错，不到两小时便钓了十几条大鱼和一些小鱼。临走时，老人却把大鱼全部放生，只带了小鱼离开。第二天我又遇到了这位老人，临走时他依旧像昨天那样放生大鱼。

我好奇地问他："先生，您怎么把大鱼全部扔掉呢？您要放生的话，可以把小鱼扔掉，大鱼放回大海并没什么价值。"老人听了以后却很平静地说:"因为我的锅没这么大。我喜欢吃整条的鱼,不喜欢把鱼切成段。"

这个答案令我哭笑不得,完全超出了我的预料。我说:"那您可以换一口大一点儿的锅,这样扔掉不是白白浪费了时间和精力吗?"

老人不以为然地答:"我换大一点儿的锅,自己还是吃不了!再说了,我现在的锅刚好适合我现在的灶台,如果我换比较大的锅,岂不是连灶台也要一起换掉?还有,这个灶台我已经用习惯了,换新的我也不一定会用。"

这位老人的思维就相当于一个封闭的盒子,他在盒子里打转。这个盒子始终围绕的核心是:我不需要大鱼。其他的诸如:我只有一个人、我的锅很小、换了大锅还得换灶台等,均是围绕在核心问题周边的护栏。不管我换多少种问法,如何去提醒他应该转换思维,老人头脑中思维的惯性和思考的线性始终都会将其拒之门外。

跳出封闭的盒子

有一位乡镇企业家是搞养殖的,生意规模很大。2010年的时候猪肉价格大涨,他便在第二年的春天多养了五百头猪,以为能大赚一笔。结果,这一年春天肉价突然大跌,他损失惨重。这位企业家心想：今年跌，明年一定涨。索性再次增加养殖数量，谁知次年的价格再次下跌，他赔得一塌糊涂。

有人问他："为什么接连两年价格低迷，你仍然大量养殖？"

企业家懊恼地说："大家都说'一年赚一年赔'，那些种菜的经常遇到这种情况，这是经验，没想到这次吃了大亏！"

这就是典型的线性思考方式。他不去分析市场上出现的新情况，仍然依靠自己的经验来判断，结果受到了沉痛的教训。多年的经验让他产生了认知惯性，认为事物一定会按照过去的规律运转。他的头脑是封闭的，思考与判断也是闭合的。

人们在解决问题的时候经常会犯同样的错误，因为某种现象会在一定的时期内周而复始，具有某种可以判断的规律，于是人们可以轻易地总结出可靠的经验。在顺利或者成功的时候，这些经验或方法都会迅速融入我们的思维，转化为常识，形成思考的惯性。事实上，很多事情都有周期性，但却不具有普遍性。如果一直使用线性思考方式去考虑，用经验的惯性来协助自己的判断，得到正确结果的概率就永远都是随机的。

怎样从封闭的盒子里跳出来，战胜头脑中的惯性思维呢？

第一，克服"鸟笼逻辑"：想问题前先问一下自己"为什么"。

在心理学上，惯性思维又被称为"鸟笼逻辑"。我们在屋里挂一个鸟笼，来访的客人便总会问你"鸟去哪儿了"，以至于最后你不得不扔掉鸟笼或者真的养一只鸟，以顺应人们的思维。所有的人都会下意识地采用惯性思维思考问题，当他们看到鸟笼时，都会想到这里面必然有一只鸟。

但是，如果在此之前反问一下自己："为什么这个鸟笼不是装饰品？"当你能够在判断前先想到"为什么"的问题，就能最大限度地避免思考的盲点，从惯性思维综合征的保守、循旧和拘泥于常识的状态中走出来。遇到任何需要你作出判断的问题，都可以先反问自己的大脑——我为何要作这样的判断，有没有可以推翻这个判断的理由？

第二，"慢一步"和"跨一步"：作决定前让思维的惯性停下来，再重新起步。

慢一步就是退一步，就像开车降慢速度，当车子停下时，清空头脑中的思维，想一想还有哪些因素没有考虑周全，有没有其他办法。如果能够慢下来，那位乡镇企业家就能观察到眼下市场的变化是一个至关重要的因素，而不是在高速发展中一直盯着前方——那是经验指给他的方向。

最后再向前跨一步，跳出由经验和常识组成的固有思维，超越思维的惯性，让头脑闪出更多的火花。这时你会惊喜地发现，自己产生了新的思路，对问题有了新的见解。让思维停下来，是克服惯性；让思维向前跨，是超越我们过去的经验。

解决惯性思维的冲突
反惯性思维的六种元素和六个步骤

现在，人们关心的问题是："成功者都是怎么思考的呢？为什么我无法复制他的思考？"大部分人都是在遇到挫折后才开始反省自己在思维方面的缺陷，但这时的自省往往会让人百思不得其解——失败的痛苦有时会掩盖方方面面的问题。

成功者的素养当然是一个值得探讨的问题。不过，卓越人士表现出来的行事方式与大多数人是没有本质差异的，你会发现他们不过是做了一些最平常的判断——区别在于他们提前看到了这条道路，而你只是后知后觉。因此，仅仅从行为的角度效仿成功者，永远都无法取得成功。

经过多年研究我们发现，成功者与平庸者表现出的最大不同就在思维模式的区别上。平庸者经常采用并依赖于传统的逻辑思维和定式思考，甚至大多数时候用惯性思维来解决问题，非A即B，因为经验告诉他们应该如此。成功者却喜欢违反惯性，尽可能采用中间思维——如果两种观点相互对立，他们会提出一个可以同时解决两种问题的最佳方案，而不是在A和B之间做唯一的选择。

我们发现，在应用中，中间思维是管理者或那些复杂事务调和者的最爱，因为他们在综合管理工作中时常要面对激烈冲突，如果从现有方案中判定优劣，选择保护某一方的利益，那么另一方的利益势必会受损。这不是解决问题的最佳方法，有时还会引发更加恶劣的冲突。因此，用一个双方都能接受的方案来平衡双方的利益冲突就显得尤为重要。

柏林洪堡大学的普兰维特·奈森教授说，避免"二选一"的决定并不像说起来那么容易，身处复杂而冲突的环境中，人们很难跳出自身狭窄的视野与偏执的格局。但我们要想在各方面赢得持久的成功，就要克服这种障碍——思维的改造是必须闯过的第一道关卡。

他说："你会发现所有领域的上层人士都是令人又恨又爱的'中间派'，他们总能克服思维的惯性，并努力不执于一端。培养中间思维的关键就在于，遇到冲突问题时，从整个大背景处着眼去思考利弊，破除冲突之间的对立，从而拿出一个优秀的解决方案。"

周先生是上海一家大型商场的经理，做了十几年的零售行业，从业经验非常丰富。对于这个行业，周先生坦言，在自己的工作经历中，他认为最难解决的就是商场和顾客之间的冲突，因为人们的想法千奇百怪，很难说服他们：

"我们有个不成文的规定，就是在商场内禁止拍照。但大多数商场为了吸引顾客，不会将之大张旗鼓地写在告示牌上。因此，经常有顾客因为不知晓规定而引来保安的制止，接着就会爆发争吵甚至是肢体冲突。结果，服务人员就给顾客留下了非常坏的印象，人们可能从此都不会再来光顾这家商场了。这种情况几乎每天都在上演，我也曾亲身经历过。"

不久前的一个周末，周先生和妻子带着两个孩子一起去某家商场购物。为了迎接"六一"儿童节，商场里刚刚进行过装修，很多地方都增加了动漫主题的玩偶和饰品。孩子很喜欢，就让妈妈给他们拍照。周先生的妻子刚拿出手机拍了一张照片，保安便走过来，告诉他们这里不允许拍照。

这种情况在周先生的意料之中，因为他也是业内人士。于是，他悄悄地对妻子说："这是行规，我们今天就不要拍照了。"没想到妻子并不理解，还与保安理论起来："为什么不能拍照？你们没有任何告示说禁止拍照。"周太太的嗓门很大，引来许多顾客驻足围观。但保安的态度十分强硬，他始终就是那句话："这是商场的规定。"

"我们是喜欢这里才会拍照的，就你现在的态度，我们以后再也不会来了，我向你保证。"说完，周太太拉着孩子走出了商场。结果就像周太太说的那样，她再也没有来过这家商场，并且还向自己的同事、朋友广为宣传。

"这是我们经常光顾的商场，全家人的衣服几乎都是在这里买的。而且我妻子每次买了一件称心的衣服，都会向她的朋友推荐。但这次的事情完全惹怒了她，这家商场进了她的黑名单。根据著名的'250定律'，每一个顾客的后面都站着250个潜在客户，可见商场的损失会有多大。"

商场的保安和顾客之间的拍照冲突真的无法调和吗？

周先生接着说："如果每一方都遵循自己的思维惯性，不想做出必要的让步，确实会产生这样的结果。一年下来，商场因为拍照事件引发了很多客户的流失，这件事上了新闻。后来他们的经理终于想到了一个解决的方法——专门开辟一个拍照区，将休闲娱乐的项目集中放到这里，并且开展不同的特色主题，明确地告知顾客此处可以拍照。一段时间后，顾客出现了回流，商场的形象也得到了恢复。"

这位经理运用的思维方式就是中间思维。在顾客与商场发生利益冲突时，不是坚持以往的惯例，而是向顾客的想法靠近，用一种协调与中和的方式来思考解决之道。这既不会惹怒顾客，也保障了商场的利益，最终实现了双赢。

在工作和生活中，如果我们能经常采用中间思维的方式来解决冲突，很多问题都会有更好的局面。但遗憾的是，当冲突产生时，人们会第一时间遵循惯性思维的力量——绝对保证己方的利益——你必须服从，我决不让步。结果，双方肯定会有一方产生重大的损失，由此互不相让，激烈对峙。这当然是我们不想见到的，因此一种妥协思维又开始被广泛地运用——无论面对什么问题，大家都各让一步，互相降低损失——这看似是皆大欢喜的结局，但实质上不仅问题并没有解决，双方还产生了损失。

中间思维则是一种全新的思考方式——在不损失任何一方利益的前提下，打破传统的思维模式，进行创造性思考，寻找共赢空间。这样既能保证双方利益，还能共同创造新的模式，为将来的发展打下良好的基础。

沃尔玛就是一家成功运用中间思维解决危机的著名企业。在2005年，沃尔玛曾经因碳排放量巨大而遭到环保主义者的攻击。他们称沃尔玛是人类环境最大的敌人，要求沃尔玛立刻停止危害环境的行为。一时间舆论哗然，沃尔玛被推上了风口浪尖，大多数人都指责沃尔玛，在当时，几乎无人帮它说话。这种情况下，沃尔玛有两种选择：

一是驳斥他人的观点，用公关解决问题，公司照常运营。

二是重视环保并拿出新的策略，将自己发展成环保企业。

在企业危机处理的案例中，前一种策略是大多数公司选择并且一直做的：请一个公关团队，找几个好律师，花点儿钱财就可以平息风波，公司照样赚钱。这种策略确实能够让公司低成本地运转下去，从而保持低价格的优势。但显而易见，沃尔玛将为此面临不可估量的声誉损失以及大众的质疑。第二种策略则可以让沃尔玛走向转型和长远发展的道路，对企业的未来发展大有裨益，但前期需要投入大量的资金，企业成本激增，利润一定会受到影响。

对于一家企业来讲，无论选择哪种传统策略，都将面临不小的损失。那么有没有一种方法，既能保证公司的利润不受影响，同时又可以满足环保主义者的要求呢？

沃尔玛的计划是：利用对供应商的强大影响力，要求其压低供货成本，进行可持续生产。这种做法逼迫供应商不得不进行模式创新，以保证自身的效益不受损害，同时也保证了沃尔玛的总成本不会因此增加，还挽回了公众的信任，成功地修复了公司的公共关系，让沃尔玛成为行业内的环保典范，可谓一举三得！

站在对立思维的角度来看，很多矛盾是不可调和的。但中间思维却恰恰利用了对立之间的矛盾，摆脱了对传统做法的依赖，开拓出一种全新的思路，结合现实需要研发新的方案。新方案会延续传统的核心优势，并对劣势加以弥补，在不影响自身固有优势的前提下，进行一次更好的创新。这就是中间思维的优势。如果运用得好，你会发现很多令人头疼的问题都将不再是问题，而是变成了宝贵的机遇。

在传统印象中，大学教育通常分为两种形式，一种是传统定义的大学：学生交高额的学费，在学校内接受面对面的教育；还有一种是函授大学：学费较低，教学方式相对灵活，不拘泥于受教育的形式，但因为缺乏面对面的辅导以及学习环境的配合，学生的毕业率较低。

如何改变这种局面？

费尔南多出生在印度卡纳塔克邦的一个贫穷的村子里，儿时为了赚钱谋生几度辍学，虽然他非常喜欢读书，但因为家里尚有五个兄弟姐妹，身为二儿子的他不得不肩负起赚钱的重任。费尔南多非常渴望上大学，这是很多贫穷孩子的愿望。他是幸运的，因为一个叫泰迪·布莱切的人创立了名为CIDA的城市校园。在这里，学生可以一边工作一边学习，不会因为没有工作赚钱而交不起学费，也不会因为上学而耽误了工作。学校的办校成本也因为这种灵活的教育方式大大降低了。

　　城市学校还有一个区别于其他学校的优点：毕业于城市学校的学生，需要在今后的人生中回报学校，因为这里的每个人都曾经获得过别人的资助，他们必须要做知恩图报的人，让这种资助惠及他人，向未来在这里攻读大学的学生提供必要的经济资助。

　　城市学校的成功就源于中间思维在教育和工作之间的巧妙运用，破除了工作和读书的对立矛盾，解决了两种不同的生活模式的冲突，打造了一种能同时兼顾读书和工作的学校。最后，由学生在未来提供一定的物质回报的设计，也节约了学校的运营成本。

表1　六种思维元素

A	反常识	常识未必就是正确的，任何事都应想一想为什么
B	反依赖	从依赖的牢笼中走出来，凡事自己拿主意
C	反惰性	从此刻起，不要再懒得思考
D	反定式	破除思维定式，打破沿袭经验的惯性
E	反从众	越是多数人认同的事情，就越要谨慎思考
F	反主观	学会换位思考，打破立场的束缚

开启六个改造步骤

　　第一步：重塑思维认知。

　　今天比昨天重要，明天比今天重要，未知的领域永远大于过去的已知。我们要首先从思维上认识到这一点，不要将过去的经验、思考和常识置于头脑中最重要的位置，应始终对未知保持一颗敬畏之心。

第二步：跳出来，而不是跳进去。

跳出惯性和常识，在经验的门外看问题。如果跳不出固有的思维圈子，你就会被困在一个有限的知识与常识框架内，很难找到处理事情的正确方法。跳出来，本质上便是就事论事，具体问题具体分析，而不是用既有的思维搞一刀切。

第三步：停止惯性思维，换位思考。

当我们评判某些人、某些事物时，请踩下经验的刹车，开始换位思考：如果我是他（她），我会怎么办？如果换作是我，我会如何决定？换位思考是打破惯性思维的捷径，它可以为我们提供一个跳出自身狭窄立场的维度，让我们了解不同的人的利益需求。

第四步：破除依赖，强化内在自立的"主见"。

收集自身依赖性思考的"寄生体"——都是谁在帮你思考和做决定？为你依赖的对象做一个列表，然后清除它们的影响。自立的"主见"未必都是正确的，但你可以尝试将它们放到优先的位置，而不是遇事就急于求助他人。

第五步：养成求知的惯性。

永远不要认为自己什么都懂——这是最大的无知。就算拥有高学历、渊博的知识，以及高明的见解，也要努力学习那些没有接触过的知识。让自己从自满、守旧和停在原地的思维惯性中走出来，用不断的求知提升自己的思维能力。

第六步：破墙——开启创造性思考。

最后，为自己建立开放性的思考模式，用创新思维面向未来，弥补思维的盲点，增加思维的可变性。经过不断的练习和自我鼓励，我们就能形成新的习惯：基于创新的、多元的和跳跃式的思考。

PART 2

反常识
质疑自己的直觉

小区内汽车的鸣笛声就像一把点燃愤怒的钥匙，让人无法安静地休息、学习或工作，身心备受困扰。假设忽然有人出现在楼下，砸坏了所有鸣笛的汽车，用暴力手段替你找回了安静，他是好人还是坏人呢？

不是A，就是B
为什么非此即彼这么有市场

　　非此即彼是一种非常极端的且极为常见的思维方式，它是制造文化、种族和立场对立的心理根源。我们都知道它是错的，并清楚地体会到它已经并将继续产生严重的后果，但很多人仍无法避免。如果事情发生在别人身上，与自己没有什么关系，人们通常能保持理性且公正；一旦事情发生在自己身上，人们通常会迅速地划分是非对错，并为自己的立场发声。

　　事实上，在现实生活中只有极少的概率出现大奸大恶——过错方完全单一的情况，大多数时候，大部分事情都无法简单地划出界线、分清对错。我们每个人既是好人，又是坏人；可能是正确的，也可能是错误的。这取决于观察事物的视角和不同的立场。

　　一个人如果具有非此即彼的思维，他就丧失了理性思考的能力。他们的世界里，不管遇到任何问题，最终答案只有一个。他们的思考模式是一条单行道，是单项选择题——不是 A，就是 B，没有第三种选项。

这种思维方式的核心逻辑便是黑白分明：

不是好的，就是坏的；不是对的，就一定是错的。

特别是在实际工作中，人们深受这种极端思考方式的伤害，以致用怀疑的目光审视与自己意见不合的人，偏离正常的讨论轨道，坚持自己的观点是正确的，并激烈地攻击对方："你为什么不同意我的观点？"最后得出一个"正义"的结论——"你肯定是故意针对我"。这将使你轻易地陷入与对方不在同一频道对话的错位现象，冲突不断，直到迫不及待地要跟对方打一架。

例子 1：小朱是你的同事，他的工作能力很出色。有一天，你发现他在统计部门业绩时漏掉了你的一些重要工作，导致你当月的收入减少了几百元。你对他的好印象从此烟消云散，并把他放进了自己的黑名单。虽然他主动向你道歉，表示他不是有意的，而且自掏腰包把奖金补足，但你仍然对他怀恨在心。因此，尽管大家都认为他应该晋升，你仍然在领导征求意见时写了一封匿名的举报信，强烈建议公司不要提升他。

问题——如果一个人在自己心目中不再是好人，那么他就一定是坏人，哪怕他纠正过自己的过错甚至做了一件大好事，仍然无法让你认同对方的行为。这种思维难免有些小肚鸡肠。小朱固然在工作中存在失误，也损害了当事人的利益，但谁没有犯过错呢？你没有在工作中偷懒吗？你没有嫉妒过优秀的同事吗？非此即彼的思维把人分成了对立的两派，不是君子就是小人，让自己变得狭隘，也让人与人之间丧失了信任。

例子2：在工作会议中，你和同事就一个项目的操作方案吵得不可开交。你们对彼此的思路都不认同，坚定地认为自己的方案才是最正确的。争论的话题从成本到管理，从市场到竞争对手，你们无所不吵，针锋相对。最后，你们开始互相指责对方，把以前哪怕很小的过节都翻了出来。事情发展至此，你和同事已经是水火不容的大仇人了。最终上司让你们闭嘴，并否决了两个方案。

问题——非此即彼的第二个表现就是喜欢翻旧账，把不相关的事情拿过来作为否定对方的论据，想尽一切办法搜罗不利于对方的信息。从这点来说，它与以偏概全的思维有很大的交集。只要我看你不顺眼，你身上就全是缺点，你过去干的所有事情都是罪证。假如对方也持有这种思维，你和他的战争将无休止。

长此以往，这种思维将会给工作和生活带来巨大的麻烦，你可能会成为一个刺猬一样的人，没有人愿意与你产生任何关联，最终你会孤立无援。

失去团队归属感

你会发现，当大家在谈论有意思的话题时，你虽然很感兴趣却无法参与其中，因为只要你一靠近，大家就像拉响了默契警报一样，谈话自动结束，他们纷纷走开了；公司有什么好事的时候，你经常最后一个知道，没有人愿意通知你；同事一起聚餐时，你会是那个冷场的人，因为你一开口说话，就容易得罪人；你一出现，大家就沉默了；凡是需要团队协作的工作，你都很难做好，因为你一方面对工作有着近乎完美的要求，另一方面又特别在意同事是否与你步调一致。这让人们十分担心，因为稍有不慎，你就会产生对立的想法："他是不是对我有意见？"

很难独立和换位思考

你习惯于全盘否定或者全盘肯定一件事。哪怕你的观点总是正确的，这也不是一件好事。因为你不能容忍异议，更不能允许别人质疑你。这种对自身权威的强烈维护会让你和别人产生沟通障碍，人们和你沟通的时候总是小心翼翼的，甚至敷衍了事，根本没有办法深入。因为谁也不想得罪一个刺头，多说一句话可能就会产生冲突。所以，聪明人会远离你，他们不再尝试成为你的朋友。和你关系最亲近的人将是痛苦的，他（她）会经常指责你不懂得换位思考，偶尔也会语重心长地劝你成熟一些，如果规劝不能让你及时醒悟，你们的关系也容易产生裂痕。

种种严重的表现都可能发生在我们的身上——在研究中，但凡喜欢用单项选择法去思考问题的人，即便面对自己的父母与妻儿，很多人也很难做到真诚沟通。久而久之，他的行为也会染上极端的印迹。比如，他可能会讨厌外面的声音，虽然噪声很小，他也会觉得十分刺耳，坐立不安；他完全关闭自己，把"完美自我"关在另一个世界中，开始学习蔑视这个世界。

这是一个可怕的局面，如何帮助自己从这种极端的思维假象中走出来？有什么技巧吗？

最简单的办法不是读深奥的心理学书籍或去上培训班，而是学会自我解读和治愈。现在，安静地坐下来，找出一张纸，先把自己的内心感受写下来。慢慢写，在过去的一段时期内（一周或两个月），不管经历了多少上述的情况，把它们全部写在纸上。然后询问自己："哪些事情有可能是我的错误，而不是别人的？"

要把自己的分析过程写在每件事情的后面，尽可能忘掉自己的判断，优先考虑对方的立场——如果我是对方，当时我会怎么想，会不会也采取相同的看法？定期重复这个方法，你就能超越非此即彼的思维，看待事物时不再非黑即白；而是会看到问题的另一面，为自己和他人寻找到解决问题的共通点。

谁是正义的化身

这个世界上没有绝对的好人和坏人

近几年来，每到高考来临时，总会出现诸如"某考生的家长因窗外噪声影响孩子学习，做出冲动行为"的新闻。面对这种问题的时候，通常会出现两种声音：一种声音认为，考生家长的行为不对，即使噪声影响孩子学习，也应通过正常的途径维权，不应采取冲动的行为；另一种声音则认为，制造噪声的一方是不对的，特殊情况下，考生家长的心情和行为可以理解。

如果你认为自己能够绝对地维护正义，在类似的事情上所抱持的观点是正确的，不妨换一个立场思考：

①假如我是考生的家长，我会支持哪一方？

②假如我是制造噪声的那一方，我会觉得自己为别人带来麻烦了吗？

直观地说，我们发现每个小区内都有汽车不停鸣笛的情况——清晨和傍晚时尤为严重，汽车的鸣笛声就像一把激发愤怒情绪的钥匙，让人产生非常烦躁的想法。因为我们无法安静地休息、学习或工作，身心备受困扰。这时，假设忽然有人出现在楼下，把鸣笛的汽车砸了，用暴力手段制止了噪声。在面对汽车鸣笛和砸车制止这两件事情上，你能保证自己会站在"绝对正义"的立场上思考吗？

这时一般会出现两种对立的情况：

①有人坐在家中拍手叫好，在他们的心中，砸车的人维护了他们"受害者"的正义，有争议的只是方式问题。

②汽车被砸的人呢？他肯定在想："你凭什么砸我的车？你要赔偿我的损失！"这也是他作为"受害者"要维护的正义。

这表明，在正义思维的驱动下，人们遇到冲突时都会认为自己是受害者，对方是不折不扣的加害者。两者之间没有缓冲地带，也难以找到任何可以沟通、协商与妥协的空间。怀着正义思维去判定对错，就会陷入法国哲学家、社会学家勒庞所形容的"正义的暴力"——人们打着正义的旗号自我催眠。当这种思维根深蒂固并形成惯性时，我们很难与他人进行健康、平和与建设性的沟通。

永远不要自以为正义

正义不是严谨的数学定义，站在辩证思维的角度上，古今中外没有任何一种标准可以告诉你："你自己的判断就是答案。"古时候有人怀有劫富济贫的价值观，但穷人和富人要维护的正义能在一个维度上并存吗？答案是否定的。一个过失杀人犯收养了几个流浪儿，并且拼命赚钱供他们读书，法律和人情的正义考量能够在同一个层面上吗？单向与惯性思维的局限性在这里暴露无遗。

思维的基础是人性，没有绝对纯洁无瑕的人，自然也就没有绝对正确的思维。当你希望自己成为某些思想、价值观与事物的判官时，撇开正义与否不谈，我们只能追求让自己达到相对的公平和客观。

比如面对"坏人"时，法律有着自动运行的机制，舆论同样会启动它的审判功能，"好人"站在道德的制高点上对其指责批判，所能起到的最大作用仅能是"围观的正义"，而不是终极审判的工具。人们的心中都在维护自身思考的正确，对真正的是非可能并不感兴趣。当一个人侵犯到别人的利益时，这种基于自私的出发点立刻就会暴露在阳光之下——他会对别人"围观的正义"保持警惕并十分厌恶，可能会极力地为自己开脱，维护自身的"正当利益"。

任何人和事都有多面性

因此，我们在评论一个人是好或坏的时候，永远不要片面地做出绝对的判断。我们要看到人的多面性，尝试换一个角度去思考：一个人犯下了错，比如他毁坏了公司的财物，那么他是不是一直都有破坏财物的动机，他骨子里就是一个破坏分子吗？一个人做了件好事，但他做过的所有事情都是好事吗？

任何时候，我们都不能说一个做了一件好事的人就一定是好人，也不能说一个做了一件坏事的人就一定是坏人。人们所处的立场不同，动机和结论也会有所不同。

人性如果是实体，它的形态一定不是平面的，而是更像一个多变的立方体，它有多种维度。这说明一个人可以同时扮演多个角色。他在家是爷爷、父亲、儿子，在公司是老板、中层干部或普通员工，走在大街上成了一个乐于助人或冷漠无情的路人，进入商场又是一名喜欢冲动消费的消费者。其中的每一个角色可能做出无数种选择，但他总有自己的理由，每种角色都有不同的出发点，需要辩证思考。

即使A角色被人们完全否定，可B角色却未必不被人们认可。换个说法，某个角色放在不同的背景和环境中，他会表现出完全不同的一面。

　　在这个世界上，没有天生的坏人，每个人一生下来都是好人，具有相同的人类基因——人们处在什么样的环境中，沾染了什么样的风气，然后形成特定的性格。有一次我去上海一家犯罪心理学研究机构，一位负责人告诉我，他们教授人们判断是非好坏的标准，就是尽量不要对一个人进行"正义审判"，既要从动机上分析他的行为，也要从不同的立场进行综合判断。

　　他说："坏人做坏事，好人也可能做坏事。人的行为动机不可能是上一代人遗传的，而是由身处的环境决定的。每个人都想做一个好人，成就一番事业，但身处的环境可能迫使他违背自己的动机，从而做出错误的事情。"

　　"正义审判"者无法回避的是，人们的行为是连续的，不是孤立的。在20世纪的比利时有一桩案件，一名女子不慎从楼上摔下，一名路过的男子将受伤女子的财物洗劫一空，但却拨通报警电话为其叫了救护车。最后该男子被抓获。在长达四年的审判之后，该男子最终被判轻罪，因为法官认为：对于拯救一个生命而言，他的抢劫行为不值一提。

　　从这个案例中，我们应该思考两个问题。

　　第一，不存在绝对的好和坏。你能看出这名临时起意的抢劫者是好人还是坏人吗？良心未泯与畏惧惩罚的动机应该如何界定？我们需要把一件事情、一个人的所有行为连接起来观察，才能得出较为客观的评价。

第二，任何事情都无法一目了然。一个公认的好人，他的内心也可能有见不得人的东西；一个公认的坏人，他可能也有一颗普度众生的心。在成人的世界中不存在一目了然，因此不要用非此即彼的思维对一个人、一件事匆忙地下定论。在看待问题的时候，多换个角度、换个立场思考一下，你就能找到一个宽阔的出口，看到更接近真实的答案。

谁敢反对我

任何时候，都应倾听反对者的意见

华裔美国人亨德里克·威廉·房龙说："宽容是一件奢侈品，购买这类产品的人一定是非常聪明的人。"宽容既是针对与自己性情相近、观点相符、立场相同的事物，也要针对那些让自己感到不舒服的行为和观点。

生活中，我们都喜欢听好话，顺耳之言甜如蜜，逆耳之声很难听。当我们做一件事情时，总是希望能得到别人的支持，不希望别人反对。我们的大脑认为，反对的声音就是成功的绊脚石，是我们的敌人，它的第一反应就是仇视反对者。

反对的声音确实是一种阻力。在会议室，这种阻力总会存在，常常令人无法容忍。但是我们必须认真地考虑反对者的观点是否正确，把自己置身反对者的立场来看待自己要做的事情，尝试找出自己的不足，这样才能实现自我的提升与完善。

因此，面对反对的声音和与你截然不同的思考方式，你要做一个善于倾听和接纳的人。

有一则很有趣的故事，讲的是清代乾隆年间，画师郎世宁从意大利带回了三个一模一样的小金人，金灿灿的，可他却给那些大臣出了一个难题，让他们判断这几个小金人中哪一个是最有价值的。

一位年迈的大臣拿出一根稻草，把稻草从第一个金人的耳中插入，稻草从另外一个耳朵出来。老臣摇摇头，走向了第二个金人。这次，稻草直接从嘴巴里掉了出来，老臣又摇摇头。测试第三个金人时，稻草直接掉进了肚子里。老臣指着第三个金人说："这个最有价值。"郎世宁对这位老臣的判断力拍手称赞。

为什么老臣觉得第三个金人最有价值呢？其实，我们可以把三个金人看成自己。

第一个你：虽然在听取别人的意见，但听完马上就忘了，也就是"一个耳朵进，一个耳朵出"。

第二个你：能听取别人的意见，可也许你把别人的建议当成了对你权威的一种挑战，曲解了对方的意思，于是祸从口出。

第三个你：不仅听取了别人的意见，而且把别人的意见牢牢地记在了心里。

善于听取别人的意见是一种美德，是一种聪明的智慧，也是多元化思考的体现，更是养成优秀思维习惯的必经之路。不管对方的思路多么不同，观点在你看来多么不可接受，你唯一不能更改的原则，就是尊重对方说话的权利，耐心地听他讲完，并且要有理解的姿态。

但是，生活中也有很多人是不愿意听取他人意见的。他把自己的话当成权威，不容任何人质疑：

"我的看法就是正确的！"

"即便不正确，别人也不能反对我！"

这种人比比皆是，他们是办公室的阎王爷，是生活中人人远离的炮筒子。他们通常有一定的权力、地位，长期处于高位，拥有话语权。当然，他们也有着较多的成功经验，但正因如此，他们的思维已经形成了"我向来判断准确，别人都不如我"的惯性。

在这类人的潜意识中，他的人生经验很丰富，没什么事情是他看不透的，没什么工作是他不能胜任的。他自恋并且非常固执，缺少自知之明，甚至明知自己做错了事情也不会承认——承认错误对他而言无异于是对自己人格的否定，一旦有人指出他的缺点或错误，他便认为对方有意针对自己，立刻将对方划入敌人的阵营。

听对方讲完反对观点

在工作和生活中，不管是多亲近的人，总有与你意见相左的时候。小到油盐酱醋、领带的款式、就餐的餐厅，大到工作的方向、买房、项目计划、谈判思路，每件事都会在讨论中出现争议。由于思维不同，很容易出现观点上的针锋相对。我们不能要求每个人都与自己保持一致，哪怕结果证明你是正确的。

有时候，别人不反对你并不代表认同，而是他在用沉默的方式回应你的专断。那些敢于直言反对的人，并非都对你有意见，他只是从行动上直接告诉你，你的言辞或做法他不赞同，希望你可以认真地考虑一下他的意见，中和双方的思路，不要犯下固执己见的错误。如果你无法接纳逆耳的忠言，就可能失去一个愿意坦诚相见的伙伴，并给人们留下偏执的印象。

问题1：你会以挑衅的方式回应吗？

很多时候，在争执或激烈讨论的环境中，人们未必能够平心静气地对话。这时人的思维处于对峙状态，一旦从对方的言语和态度中稍微察觉到反对的意图，就容易将其视作挑衅，然后以挑衅的方式回应。有些人害怕反对者戳中自己的痛处，抓住自己的把柄，便会寻找更强有力的论点支持自己的看法，用猛烈的"火力"攻击对方。

建议——首先卸除"反对即敌对"的态度，从一切为了解决问题的出发点看待不同的观点。这时，你对面子的敏感和对自尊的捍卫动机就会稍稍减弱，能够平和地对待他人的不同看法。

问题2：你会对相左的意见不屑一顾？

有些时候，我们对这些反对声音会表现出不屑一顾的姿态，蔑视的态度非常明显。这是一种居高临下的高傲和自负，更易激怒对方。冷漠的心态会让你无视相反意见，拒绝讨论，兀自执行自己的思路。这种行为无异于掩耳盗铃，即使你用此种虚张声势的高冷态度打败了对方，对问题的解决仍然于事无补。

建议——倾听反对者的意见不会浪费我们太多的时间，不要因为讨厌对方便屏蔽掉他们的声音，也不要凭仗自己的权力、地位和资历对相左的声音视而不见，尊重别人的立场是我们必备的修养。

接受"正确的反对"

美国第32任总统罗斯福喜好打猎是众所周知的。在未上任之前，他经常与挚友斯蒂芬一起打猎。斯蒂芬有一座很大的农场，其狩猎经验非常丰富。有一天，两人相约在农场中打猎，罗斯福很快发现了一只野鸡，并立刻举起枪来瞄准。斯蒂芬这时却突然拦住了他。原来，有一只野猪隐藏在草丛中，斯蒂芬示意罗斯福先不要开枪，因为相比于野鸡，野猪更具有狩猎的吸引力。

眼见那只野鸡就要超出猎枪的射程，到手的猎物马上就要跑掉了，罗斯福万分着急，他听不进斯蒂芬的建议，不假思索地开了枪。枪响后，野鸡没打到，野猪也吓得撒腿就跑。罗斯福赶紧再次瞄准射击，可是野猪已经逃得无影无踪了。

罗斯福此时才意识到自己犯了自负的错误，他不好意思地向斯蒂芬表示遗憾，却见斯蒂芬正对他怒目相视："你在做什么？我已经示意你了，为什么还开枪？你为何这么冒失？因小失大的事情你怎么做得出来？"

面对斯蒂芬的训斥，罗斯福只是低着头，没有为自己做过多的辩解。因为他心里清楚，在狩猎方面，斯蒂芬绝对是王者。因为冒失犯下的判断失误，他毫无怨言地承担了，越解释斯蒂芬反而会越生气，谁让他没有听取对方正确的意见呢？

遇事既要有自己的判断，也要听听别人的意见，才能想出最好的办法。唐代的大臣魏征早先是太子李建成的僚属。当他看到李建成和李世民之间的冲突日益剧增时，便建议李建成早点儿下手，杀掉李世民以绝后患。可是李建成并未听取魏征的建议，最终死于玄武门之变。李世民登基后，不计前嫌，重用了魏征。魏征感谢皇帝的知遇之恩，知无不言，言无不尽，谏尽天下事。历史也证明，魏征的直言进谏为李世民的决策提供了巨大的帮助。

作为一国之君，高高在上的帝王，李世民自然是一个爱面子的人，但他并不因为讨厌听到反对之声而封上大臣的嘴巴，更不会动用手中的权力压制反对者。

爱因斯坦说："人生的真正价值在于从何种程度与何种意义上摆脱自我。"还有人说："当你放下面子赚钱时，说明你已懂事了；当你用钱赚回面子时，说明你已成功了；当你用面子能赚钱时，说明你已是人物了；当你还在那里喝酒吹牛，不懂装懂、只爱自己的面子时，说明你这辈子就这个样子了。"

好的建议是不分提建议者的身份高低的，当反对的意见确实有道理时，我们就应该及时调整思路，接受正确的建议。思维能力的差距总是在电光火石的一瞬间体现出来，但只要是对自己有益的意见，哪怕对方的言辞再激烈，也要虚心地接受并且消化。

破除辩证的障碍

你还在做"单向度"的人吗？

万物紧密相通，彼此互相影响。辩证思维便是以万物相通为基础，将人们的生活、工作、家庭、亲情等所有事物紧密地联系在一起，人的思维会贯穿其中，左右人们处理事情的方式。我们在思考中形成对世界的了解，在成功、挫败或困惑中感受自己与世界的关系，并且通过辩证思考，从中吸取教训和总结经验。

18世纪50年代，正值战争年代的后期，杰克带着家人逃亡到了华盛顿，在一家旅馆落脚。当他踏进房间的一刹那，心情却更加糟糕。他对房间的环境失望透了——简陋肮脏，随便摆着一些破烂的家具，连洗澡的热水都没有。

但这也让杰克脑洞大开，他略加思索后对妻子讲："安妮，我决定在这里开一家旅馆。"

"你疯了吗？在这里开旅馆？"妻子咆哮起来，"现在环境这么乱，我们最应该做的是找一个安全的地方，过平稳的生活！"

"不，亲爱的安妮，现在的情形是非常适合我们开旅馆的，我们一定会赚钱。"杰克冷静地对妻子说。

妻子说："为什么？说说你的理由。"

杰克接着说："你看我们所处的环境，从其他方面想一想，这些旅馆是在战时开设的，那时全是士兵或者逃难的人，旅馆是不愁没有顾客的，所以装修得非常糟糕也不用担心赔钱。不仅如此，你看，我们刚进门的时候，老板的服务也是有问题的，他的态度很差。这些都是战争时期遗留下的产物。直到现在，这些经营者还活在战时的思维中。他们以为这种环境会一直持续下去，可事实恰恰相反，人们都会慢慢过上稳定的日子，到那时这些不愿改进的旅馆就会倒闭，这就是我们的机会。"

安妮点了点头，眼神闪烁。她好像想到了什么。

杰克又打开窗户，指着外面那些破旧的旅馆对妻子说："看，安妮，这里所有的旅馆都很破，我们要开最好的，不仅要为人们提供好的住宿环境，而且价格还要便宜，服务也要更加热情。总之，我们开设的旅馆是面向未来的。"

杰克的思维突破了这些传统旅馆老板的惯性思维，他的思路不是单向的，而是双向的，他不仅看到过去，还看到了未来。战争时期，战争摧残人性，也禁锢了人们的思维，极大地压制了人们对生活条件的追逐。人们被当时的环境束缚，顺应时事，连自己的思想也变成了灰色。站在经营者的角度，他们不愿意去思考如何创新，而是安于现状。杰克敏锐地意识到战后百废待兴，人们生活水平会逐渐提高，对居住环境的要求也会更高，开设高档一点儿的旅馆就是一条生财之道。

我们现在的工作和生活，是不是已经处在固定的环境中很久了？我们早就习惯了许多事情，久而久之，形成了强大的惯性思维，意识不到环境即将发生的变化。当某些事物发生改变时，我们大部分人还是习惯于用固定的思维模式考虑问题，不懂得调整和改变方向，而且坚持认为自己过去的判断是对的。就算你是一个阅历丰富的人，总是用固执和自以为是的思维来观察、处理事情，也会吃大亏。

还有一个简单的故事。一位年轻人向一位老者抱怨，自己赚的钱总是入不敷出，根本不够花。老者不语，回房间拿出一万元，对年轻人说："孩子，我用一万元买你一个礼拜的时间如何？这一个礼拜你必须听我的，我让你做什么就做什么，不可反抗。"

年轻人回答道："当然不行，那样岂不失去了自由？！"

"那好。"老人接着拿出十万元，对年轻人说："我用这十万元买你的一个脚指头如何，反正穿上鞋，别人也看不到。"

"那也不行！"年轻人气愤地说。

老者哈哈一笑，对年轻人说："你看，你其实挺有钱的，最起码你现在就拥有11万元，难道不是吗？"

听到这里，年轻人恍然大悟。

人在生活中的得与失也需要辩证地来看，不能用非此即彼的思维得出极端的结论。年轻人开始的想法就是单向度的，他脑子里想到的全是"失"，认为自己过得很不如意，进而抱怨世界。他认为只有赚更多的钱，才能让自己快乐。但老者用两个问题就让他明白——相对于财富的数量，其实他已经拥有很多了。当人们都能从得和失的角度同时观察、分析问题时，就不会再有那么多的不良情绪了。

单向思考的障碍：

1. 经验障碍——由A到B。

将事物A适用的经验原封不动地拿过来套用到事物B上，天真且固执地认为A和B乃至其他一切事物都应适用于这一经验。实际上，任何事物之间都有本质的联系，但也有形式上的区别，甚至是巨大的差异，在A上奏效的经验放到B这儿可能完全行不通。

2. 时效障碍——不考虑事物的动态发展。

前天和昨天的规律，未必就适合于今天及明天。时效障碍讲的是一些人静态地看待事物，忽视时间所引起的环境变化，不考虑事物的动态发展，将过去的思考和观点套用到今天的事物上，或者是对任何时间点的事物都运用同一种思维、理论进行分析。事实上，任何一种经验、规律或理论都具有独特的时效性。

3. 程序障碍——用教条主义搞一刀切。

思考的程序障碍使人们患有对程序的强迫症，他们思考和解决任何问题都是一个方向并且遵循一个模式，所有的步骤都按照某种规范的程序进行，否则就无法思考和工作。他们用教条式的思维对所有的事情搞一刀切，用微不足道的细节来否定整体。比如，某件事的某一环节未按照他所要求的步骤进行——别人进行了创新——他就会完全否定整件事的可行性。

破除这些思考障碍，我们一定要善用辩证思维——从正、反两方面同时思考，辩证得出客观的结论，以此突破传统的思维模式，让思维摆脱非黑即白的单向维度，以更加灵活的方式去理解事物，避免肤浅和幼稚。这就要求我们从多角度去发现问题，对事物的判断要更有远见，放弃极端的、偏执的与模糊的态度，发展全面的思维，而不是依从于过去的经验和自身坚守的立场。

"躺下想一会儿"再判断
识别那些经不起推敲的事情

在自媒体如此发达的今天，每个人都能自由发言并借助互联网将自己的观点迅速传播，除了享受信息高速带来的红利外，我们也不得不面对许多虚假信息。这些信息通常怀有某种不正当的目的，有的为了商业炒作，有的为利益驱使，还有的利用大众的猎奇心理，纯粹为了制造卖点来博取眼球。不论出于哪种心态，这些信息都在故意蒙骗我们的眼睛，影响我们的思考。有些信息欺骗的逻辑比较简单，我们能够一眼识破；但也有很多信息看起来言之凿凿，具有很强的逻辑欺骗性。不过，假的就是假的，只要你能够运用辩证思维，打破经验的惯性加以判断，就可以发现有些信息根本经不起推敲，它们在逻辑上是破绽百出的。

其实很多时候并不是信息具有太强的欺骗性，而是我们缺乏理性和辩证的思考能力——被情绪化的惯性和先入为主的偏见主导了思维的方向，被"新闻"中的某些倾向性语言所引导。当下社会压力大，生活节奏快，人们要面对无数庞杂的外界信息，要用最快的速度做出自己的判断，很多信息都来不及过滤和处理就被一股脑地接收了——这导致人们知道得不少，判断力却不高。因此，有许多不良商家与平台宣传机构正是利用了这一点，故意炒作热点事件，并且刻意地回避问题的真相来引发社会舆论，达到自己的某种目的。

重要的是，习惯了定式思维与喜欢情绪化判断的大众经常在这样的氛围中掉进逻辑陷阱。

亲眼看到的未必是真相

不明真相的围观者以为自己在字里行间看到了事情的原委，实际上他们距离真相可能有十万八千里；人们以为自己站在了公平与正义的一方，事实上却被一双隐形的"大手"引导着，正走向他们所期待的方向。

当你面对一些具有轰动效应的信息时，不要轻易下结论，你看到的未必就是真相；相反，看不到的那一部分才是真实的。

我们经常会在不同的国家、时间和场合看到提醒和善意的忠告，但它们经常被人们有意忽视——因为忠告是在挑战他们的判断力，激起了人们的逆反心理。越是让人们小心地思考，他们越喜欢轻易地相信。讽刺的是，这种心理反应机制也转化成一种思维惯性。即，当你警告他谨慎思考某些特定的新闻事件时，他们更倾向于接受那些信息的暗示或鼓动。这成了今天一种流行的思维习惯。

Facebook 上有一个短视频，一位漂亮且年轻的女孩坐在公园的长椅上专心致志地画画。这时走过来一名年轻的小伙子，他坐到长椅的另一边，距离女孩有一米左右。他看到女孩笔下的画很见功底，于是夸赞道："你的画很美。"夸赞是人际沟通最有效的武器之一，但是女孩却没有理他。小伙子有点儿生气，但仍然礼貌地又说了一遍："你的画很美，这是我的真心话。"女孩依然没有理他。这下小伙子彻底怒了，他感觉自己被冒犯了，站起来冲到女孩的跟前大声地叫嚷："喂，我正在称赞你，可你的态度太傲慢无礼了。"说完他气呼呼地走开了，自己的背包还放在长椅上。女孩一脸茫然，她不知道自己做错了什么。她把被小伙子称赞的那幅画从本子上扯下来，并在上面写了一句话，留在小伙子的背包下面就离开了。

过了一会儿，小伙子回来取自己的背包，看到了那幅画。上面写道："对不起，我可能冒犯到了您，但请不要放在心上，因为我听不见。"

用轻率的态度下定论是人类思维的弱点之一，我们判断事物时通常首先会基于自己的立场，并优先考虑那些被证明有效的常识，比如这名小伙子习惯地认为"女人对赞美是无抵抗力的"。一旦遇挫，他们就会盲目地猜测，或者对于眼前的事物产生强烈的不信任、被激怒感以及偏执的见解。例如，多疑、愤怒、对峙或扣帽子的行为，这都是掉进思维逻辑陷阱的表现。

纠正轻易下定论的习惯

中国历史上有一个著名的"梦中杀人"典故，主人公是三国时期生性多疑的曹操。因为害怕身边人趁自己睡着时谋害自己，所以他对手下说自己有梦游症，喜欢在梦中杀人，以警示下人不要随意靠近。有一天，一个贴身侍者在他睡着的时候给他盖被子，曹操从梦中惊醒，立刻拔出剑来把侍者杀了。众人便以为曹操真的有梦游症，殊不知曹操只是在杀鸡儆猴而已。

轻信和多疑，都反映了人在逻辑思维方面的欠缺，即缺乏推理思维和因果思维，凡事靠主观臆断下定论，不尊重常识和客观依据，也很少进行辩证思考。这类人往往容易做冲动的事，随即又感到后悔，让人觉得他是一个言行不一的人。

躺下思考——研究人员发现，最聪明的思考方式不是让自己处于高度紧张的临场状态，而是躺在床上或蜷在沙发上。这会让我们有一种隔离感，清空头脑中那些先入为主、极端、盲目乐观、偏执的因素，降低思考的压力，集中注意力。因此，我总是鼓励人们给自己一个躺下来想问题的机会，这能让我们看清头脑中都有哪些不正确的惯性思维。

对比式思维——Asda连锁超市的前任首席执行官阿奇·诺曼建议人们用对比式的思维分析问题："要学会从两个截然不同的方面来论证同一件事，反复验证同一个结论，看看究竟是不是这一回事，才能使最后得出的结论更加深入人心，具有极强的说服力。否则，任何单向思考得出的结论都是不可信的。"要用全方位的对比式思考，理性地推理出事物的原因、过程与结果。

PART 3

反依赖
从规划者到探索者

生活中到处都是被动接收信息的人。我们的所见所闻决定了大脑会想到什么，但如何回应并对它们展开独立的思考才是关键。

没有谁是永远正确的
不依赖他人的主张去做事

我们生活的社会环境错综复杂，有诚信和欺骗，有险恶，也有善良。但是不管好坏，这些特定的行为都不是生来就有的，也非大自然的属性，而是头脑和思维的产物。

问题是，我们从小到大，多久没有自己的思考了？

教育家陶行知先生说："滴自己的汗，吃自己的饭，自己的事自己干，靠人靠天靠祖上，不算是好汉！"意思就是做人做事一定要靠自己，你是自己人生的主力，不要过分地依赖或信任别人。因为没有谁走的路永远是正确的，也没有谁的意识永远都是超前的，你所信任的人也有可能犯下错误，走入歧途。一旦你对某个人、某种观点过分信任和依赖，由于受牢固的惯性影响，你可能根本无法意识到错误的发生。

其实，依赖就是在思维惯性和心理习惯的积累中逐渐形成的——从蹒跚学步依赖父母，到进入学校依赖师长。青少年时期，无论是生活和学习，我们都在依赖别人：物质上、精神上、思维方式上，我们无不受父母、老师等的影响。但是随着年龄的增长，步入社会，进入职场，组建家庭，则是一个摆脱惯性和依赖的过程。通过自己的观察、体验和总结，大部分人走向了独立，建立了自立思维，但也有少部分人继续沿袭成长过程中形成的惯性。他们懒得思考，也不想改变，久而久之就成了一种"思维病"。它就是依赖型人格，是一种隐性但严重的心理和思考层面的疾病。

依赖型人格普遍存在于年轻人群体中。据不完全统计，在18~25岁的年轻人中，高达78%的人不同程度有这种心理问题。

依赖型人格主要有以下几种特征。

1.请求强迫症。

在做决定或处理事情之前，他首先要征求别人的意见，或者请求别人给予一定的保证："你要帮助我！"否则他无法迈出第一步。他早就习惯了请求，以至于大事小事都会听取他人的建议，从请求中获得安全感。

2.目标依赖。

我发现处于就业阶段的年轻人是具有"目标依赖"的主要群

体。在大学毕业后的几年内，他们还不明确自己的人生目标是什么，也从来没有给自己明确的定位："我要做什么？"他们可能有一个答案，但并不确定，因此还要争取别人的意见，并依赖别人为自己指出方向。比如该以何职业谋生？该如何生活？是应该创业还是进公司当一名雇员，从基层做起？一旦形成了这种依赖，未来的每一天他都需要强者的指点，而他自己则没有主见。

3."墙头草，两边倒"。

观点和立场左右摇摆，一会儿倒向A，一会儿又支持B。他不是没有自己的思想，而是缺少安全感，明明知道对方的观点是错误的，也要去迎合他们来保障自己的利益。他生怕因为自己的独特见解而被人排挤，因此永远都会倒向更强的一方。

4.懦弱地讨好。

性格过于软弱，有时迫于别人的淫威或者纯粹为了讨好别人，做出一些违背自己原则的决定。这些事情他不想做，但最后的结果总是他顺从于别人的思维，放弃了自己的原则。

5.肯定饥渴。

他特别希望有人给予肯定，由于心理承受能力太差，虚荣心太强，在做出一些决定、行为之后，就希望别人对他予以称赞——认同他的想法和做法。这在本质上也是一种依赖，是没有信心的表现。如果别人没给予他足够的肯定和称赞，他就会感觉到不安，也会有被伤害的脆弱体验；如果受到了别人的否定或批评，他甚至会心灰意冷，一蹶不振。

总的来说，具有依赖型思维的人对他人的意见有很强烈的渴求，希望从旁人那里获得思想支持，但这种渴求往往是盲目的和感性的。依赖他人做决定的惯性一旦养成，将慢慢失去自我，最终成为一个喜欢两极化思考、失去主见的"情绪化动物"。

李某和高某是同事，两人的关系非常好，既是工作伙伴，也是生活中无话不谈的好朋友。公司有一个项目需要收集一些科学且严谨的数据，这个任务交给了李某。老板特别交代，这个项目非常重要，不允许出半点儿差错。

由于所需要的资料很多，而且时间紧张，李某就找高某来帮忙。两个人的效率比一个人高，仅用了一天半的时间，他就在高某的帮助下完成了数据收集工作，赶在会议之前交给了老板。他满心希望获得老板的肯定，但会后得到的却是雷雨般的批评。老板勃然大怒，因为李某统计的数据和客户提供的信息天壤之别，完全不是一回事，导致客户那边取消了谈判意向——生意黄了，项目也被暂时中止。

李某极为郁闷，他觉得自己的工作是没有问题的，数据也都是从公司的资料库里搜索整理的，怎么可能出错呢？李某百思不得其解。

两天后，老板突然召开会议，着重表扬了高某："小高的工作效率非常高，对项目的贡献很大，如果不是他，这个项目已经黄了。"李某听了很震惊："怎么回事？"他心里很不服气，不久后从一位关系比较好的同事那里拿到了高某收集的数据，他彻底傻眼了，因为高某此次的数据和上次给他的完全不同，是一个全新的版本。

习惯了依赖的人很可能在实际的工作中吃大亏，这件事给李某上了一课，也让他记住了这个教训。如果他在工作的过程中努力一点儿，不依赖于他人的帮助，又怎会轻易地掉进他人的陷阱呢？因为依赖，所以信任，但也让他犯下了低级错误。过度的信任总会付出代价，只有独立的思考才能真正地保护自己。

在北方某城市举办的一次人才招聘会上我曾经看到一位花甲老人，他奔波于各个企业的展位前，不管什么类型的企业，他都会索取一份应聘表认真地填写。很多人以为他是在为自己找工作，有人唏嘘不已："年龄这么大还要上班？"可用人单位仔细询问后才知道，老人是替他刚毕业的儿子找工作。他的儿子24岁，刚刚大学毕业，一天到晚除了吃饭、睡觉、打游戏，什么都不干，连最基本的做饭、叠被子都做不好，每天空谈理想，事事都依赖父母。无奈之下，焦急的老人只好出来帮他求职。

这个年轻人是依赖型人格的放大版，依赖到了极致，所有的事情都希望别人把结果送上门来。他不自信，同时也对依赖上瘾。试问一下，如果你是企业的领导，你会聘用这样的人吗？

王晓任职于北京一家知名的IT公司，任劳任怨工作了十几年，可他的职位仍然是软件工程师，每次升职机会他都没有份儿。很多朋友为他打抱不平，觉得这家公司的人事部门对他有意见，但企业内部升职的事宜并非由人事部门单方面决定的。在升职考核中，很大一部分依赖于同事和上司对其业务方面的评价。

共事多年的同事和上司对他的评价几乎是一致的：独立性差，依赖性强，经常求助，无法独立完成工作任务。由此可见，王晓的独立工作能力存在着很大的欠缺，这项能力在团队中也许表现不出太大的差异，但作为部门的主管级人员，缺乏独立工作的能力就是一个很大的问题。因此，习惯于由同事替自己解决问题的王晓很难升职。

长期依赖他人的主张去做事的人，通常在工作上缺乏自己的主见，没有主心骨，凡事靠别人拿主意，很难独立承担并完成任务。与此同时，他们容易信任别人，特别是喜欢轻易付出自己的深度信任，认为有一个能力强的同伴为自己解决一切事情是极好的——他们喜欢结交能力优秀的朋友，因为这是绝佳的依赖对象。一旦没有人愿意像照顾新人一样替他打理一切，他就会表现得难以适应竞争的环境。

思维的自立步骤

快速从依赖走向独立

很多人在谈论如何自立的时候，却在坦然地接受父母的援助——这也成了人们生活中的某种惯性。"我要自立！我要自己解决一切！"他们一边喊着，一边自己的孩子仍由父母带，饭由父母做，衣服由父母洗。重要的是，当他们遇到问题时，仍然需要父母给自己拿主意，甚至要父母出面摆平。自立仿佛成了一个神圣、正确但又无法执行的目标，所有的自立都在被讨论，而不是有效地行动起来。

这种假独立经常活跃在成人的世界中，父母喜欢干涉孩子的生活，成为孩子的大脑，替他们思考和决策事情，有的甚至到了包办一切的程度。那些年满18岁的成人们，他们只是在身份上拿到了自立和投票的权利，但在思维上，他们仍然无法独立。

比如高考填报志愿，很多学生最终填写的并非自己感兴趣的专业，而是那些未来可以赚钱或者找到体面工作的专业。这些孩子大多是在父母、其他亲人、老师、好朋友的说服下改变了主意。对于梦想和面包的选择，他们并没有经过深思熟虑，就轻易地在世俗的经验面前举起了白旗。

依赖的惯性让他们未加抵抗就仓促投降。比起生活的自立，思维的独立显得更难，尽管我们不断地强调独立思考的重要性，但仍有许多人摆脱不掉思考依赖与自我决策无力的问题。

你身边肯定有这样的人：他们只是被动地接收信息和知识，很少花时间去思考这些东西是否正确；如果遇到问题，第一时间想到的是向书本和网络求助，对于别人给出的答案没有判断力，觉得别人说的都很有道理，但真正运用到实际问题中，自己仍然束手无策。自立是一个美妙的梦想，如何自立却是极少谈及的禁区。

与之相反，另外一种人却慎重很多：他们从不人云亦云，对于别人抛出的观点，第一时间想到的是："真的？假的？"从不会立刻随声附和。他们会通过认真的判断和分析去辨别问题，最后形成自己独到的见解，这就是自立。他们看问题很深刻，通常有自己的想法，具备强大的创新精神，思维具有普遍的、持久的活力。

经济学教授尼尔·布朗（Neil Browne）在《学会提问》（*Asking the Right Questions*）一书中说：

　　作为一个富有思想的人，对自己的所见所闻如何回应，你必须要做出选择。一种方法是不管读到什么还是听到什么都一股脑儿地接受，久而久之即习以为常，你就会把别人的观点当成自己的观点，是他人所是，非他人所非。但没人会心甘情愿地沦为他人思想的奴隶。另一种更为积极进取也更令人钦佩的方法，是提一些较有力度的问题，以便对自己所经历的东西到底有多大价值自行做出评判。

　　人人都想成为第二种人。有谁不希望自己是积极进取的卓越思考者呢？人们都渴望自己是能够提出独特问题的卓尔不群的人，这是所有人的梦想。但事实上第一种人居多，生活中到处都是被动接收信息、听从支配的人。一个人的所见所闻决定了他会想到什么，但如何回应并展开思考才是关键。我们所看到的、听到的未必就是真相，是否具备独立思维，就要从区分真假开始。当你懂得质疑时，就走向了思维的自立。

　　第一步：要有质疑的能力。

　　质疑的能力并不需要任何条件来培养，这是人类的天性。数百万年的进化史中，如果没有质疑的天性并主动走出森林，改造环境，人类或许早就像恐龙一样消亡了。当你面对一个结论的时候，习惯性地想想："这是真的吗？"这就是最基本的质疑。在产生了质疑之锚后，你才会想到去捕捉更多的信息，进一步求证这个观点是否正确。

质疑并不是胡乱地猜测与揣摩，而是一种跳出问题独立思考的能力。在质疑的过程中，你要想到自己所看到的问题并不是单独和孤立存在的，可能与其他问题有着千丝万缕的内在联系，在表面问题的背后可能有另一种力量起决定性作用。

在实际生活中，你肯定遇到过这种问题：处理一件事情的最后，才会发现结果并不如当初想得那样简单，甚至会让你有些手足无措，因为事前准备许久的周密计划此时派不上用场了。这其实就是事物背后的内在联系在发挥作用，也是你做计划时没有想到的。如果接下来你不能发现并分析出这种联系的本质，问题将永远无法得到真正的解决。

第二步：要有重新判断的能力。

启动质疑之锚后，最重要的一步是做出独立的基于自身分析的判断。这决定了你的质疑是否具有价值。但这需要深入的分析和思考，进入问题的内部，看到原生的信息，而不是经过别人加工的。

分析的过程可以通过回答以下六个问题来完成：

①我所面临的问题是什么？

②与问题有所牵连的都有哪些方面？

③哪些点是很明显却被忽视了的?

④从A到B的推演步骤是什么?

⑤切入点是否存在问题?

⑥我能得出多少种结论?

第三步: 要有自立求真的能力。

这六个问题会给我们提供一个初步的判断,但很多人在完成判断之后就没有下文了。他们只是做了判断,仅此而已。没错,眼下可能有了一个模糊的答案,但这个答案并不能让我们满意,或片面,或不完全正确。那么,你会接着寻找最接近正确的答案吗?

求真能力的培养,是反惯性思维里很重要的一课。求真就是寻找真相。在寻找正确答案的过程中,你会接触到海量和更多元的知识,这些知识能拓宽眼界和思路,令你的思维不再局限于某个方面,而是铺展开来,呈现发散性和多角度性。这会带来两种可能,要么让你眼花缭乱,更加不能判断,取消自立的行动;要么激发求真的欲望,继续后面的工作。

在求真的过程中,权威和经验之谈肯定会跳出来对你加以蛊惑。经验和权威是思维自立的天敌。这时一定要坚持自己的想法,不要轻易缴械,要学会站在常识的反面,辩证地看待问题,最终你可能会得出一个全新的想法。我相信,如果坚持到底,你有80%的概率能走进那个房间——答案就在里面。

远离依赖思维走向自立的几个步骤。

1. 快速地破除依赖。

当依赖行为早已成为习惯，首先要做的就是用最快的速度破除依赖。我们要明确，在工作和生活中，哪一些是习惯性去依赖的，又有哪些事情是自己做决定的。准备一个笔记本，把每一件事情都写在纸上，每天晚上对这些事情进行总结。今天依赖别人做的事情，明天就要试着自己去解决。要知道，别人替你做出的决定并不一定是完全正确的。

在头脑中输入这个命令："我一秒钟都不想等了，我要推倒依赖之墙，打开依赖之窗，呼吸外面新鲜的空气。"然后马上开始行动。

依赖性的惯性思维会把自主意识深深地掩盖起来，因此，首要的就是找回自主意识——当依赖被推倒时，自立的嫩苗就破土而出了。在工作和生活中，你只能把别人的意见当成一种辅助手段，不能随意地附和，不合适的建议就要果断弃之不用，但要把舍弃的理由告诉别人。这样时间久了，你就完全有能力自己做主。这是一个良好的开端。

2. 树立独立做事的信心。

你要做的就是消除从小养成的坏习惯，也就是抹掉未成年时期的不良印痕——所有的事情都不能由自己做主。青少年时期因为心理不成熟，做事缺乏经验，亲朋好友对你的不良评价会严重影响你在成长中的自立心理。比如你怎么这么笨，你看人家谁谁谁……躲一边去，你越弄越乱，还是我来弄吧！你没有经验，这种事应该大人替你决定……这些话无时无刻不让你的心理思维往依赖的方向发展，直到你完全住进了一个由别人打理的房间。在这个房间中，你不需要思考，不需要行动，任何事情都由那些经验丰富的人帮你完成。等到需要你走出房间时，你会发现自己并不具备相应的能力。

如果现在还有人这样和你讲话，你要果断地打断他，并且告诉他："这些我都可以做好。"记住，态度要坚定。当你第一次走向独立时，坚定的态度可以创造宽松的空间，打消人们的顾虑。

树立自信心以后，就要试着做一些独立处理的事情。比如，一个人旅游，一个人购物，这些简单的计划都可以锻炼你并且重新建立你独立思考的勇气。从这时起，不要依赖他人，而要慢慢地让自己摆脱对别人的依赖，把每件事都从依赖中抽离出来。因为破除依赖思维，我们的目标是真正意义上的从精神、经济到思考的完全独立。

据说，里根小时候曾因违法燃放爆竹而被警察罚款，他的父亲在付清罚款后却要求里根以后必须把这笔钱还给他。里根利用闲暇时间打工，最终靠自力更生还上了父亲的钱。这是一位严厉的父亲，但他却让里根学会了自立。虽然我们不能去考证事情的真伪，但我们也能从故事中借鉴到好的做法。

有一对夫妻很疼爱自己的孩子，将他当成小皇帝一样照顾，捧在手里怕掉了，含在嘴里又怕化了，什么事情都不让他做，以至于孩子十几岁了还什么都不会，连吃饭也要父母来喂。一旦父母不在身边，这个孩子就大哭大叫——他没有任何独立生存的能力。

有一天，这对夫妻要出远门，可孩子不要说做饭，就连自己吃饭也不会。于是他们想到了一个办法——做了很多面饼并套在了孩子的脖子上，告诉他饿的时候就咬一口。不久，等这对夫妻远行回到家，痛苦地发现孩子已经饿死了。原来，这个孩子只知道吃他面前的饼，吃完后却不知道把饼转过来再吃。

这是一个夸张的故事，但却是如今许多人的真实写照。他们不仅思维不能自立，就连生活也不能自理。要改变这种情况，就必须下大决心为自己制订一系列的目标，并用这些目标刺激自己：

①我要一辈子都活在大树下吗？

②我不想成为一个独立的人吗？

③我不想有自己的生活和自己的思想吗？

④我不想有更多的私人时间吗？

⑤我不想拥有更高质量的人生吗？

如果你的回答是积极的，那么就可以继续下面的步骤，找到适合自己的自立的方法。

3. 要接受和相信自己。

接受自己： 接受现在的能力基础，不要妄自菲薄，也不要盲目自大。无论做什么事情都放手去做，独立地基于客观能力去做。把事情做对了，将是一个惊喜；做错了，也可以从失败中吸取教训，反省与提升自己的能力，下一次你就会思考得更加全面，准备得更加充分。

相信自己： 很多人宁愿相信别人也不相信自己，这种现象是普遍存在的。也就是说，他们时刻怀疑自己的能力。当这种怀疑成为习惯乃至常识时，他会不管做什么都依赖别人，而不是相信自己的判断。相信自己，就要勇敢地验证自己的想法，用行动证明自己的判断是正确的。

4. 要从容地接受现实。

现在很多人都活在虚拟的世界——互联网是一个逃避现实的绝妙去处，在这里，他们不用思考，并对互联网形成依赖。逃避现实的人在心理上是非常空虚的，他们不是不想自立，而是不敢面对现实的残酷。因此，接受现实是他们必须经历的步骤，现实的好与坏，未来的光明或灰暗，找回这些真实的体验。面对现实是痛苦的，但这却能让他们回到真实世界，给自己一个改变它，并且变强大的机会。

5. 从情感上实现彻底独立。

如果你仍在依赖父母，那么从此刻起下定决心吧！脱离父母的怀抱，不要再用他们的头脑思考，一个人面对世界。亲人的无私帮助和出谋划策会加深你的依赖感，削弱你走向思维自立的动力。亲人的关爱有时让你变得畏首畏尾，不敢去做任何事情，甚至不相信自己的能力。因此，一定要从情感上摆脱依赖，再重塑自己的思维模式。

不要拖延，聚集起思维的动力，去建立自己的模式，拥有自己的思想吧！

6. 爱自己——走向真正的独立。

摆脱依赖走向自立的最后一个阶段，就是开始爱自己，而不是崇拜权威。每个人都有偶像，也都有权威崇拜情结。但一味地崇拜对你的人生并没有实质性的价值，要学会爱自己，相信自己经过努力之后可以比任何人都强，然后从一点一滴做起，持之以恒地对自己进行自立训练。

你是"造表"，还是"报时"

不要成为别人的复读机，虽然总是难免

"报时"——就是你问我几点了，我会看下表，然后直接告诉你一个数字，你再把这个数字告诉别人。

"造表"——我会告诉你可以造一块表，将来就能够自己掌握时间，不需要每次都复述别人的答案，这是为未来做打算。

两者之间的区别就在于，我是直接告诉你一个答案，还是告诉你一个解决方法。换句话说，你喜欢从别人那里找答案，还是喜欢拥有自己解决问题的方法？结论是显而易见的，没人愿意当复读机。

没有主见的人喜欢循着别人的轨迹做事情，复读和"打印"别人的思路。畏畏缩缩，生怕出错。他们不想成为错误的制造者，但却使自己变成了思维操纵者的"存储硬盘"——所有的言行举止都是思维操纵者传输给他的，没有自己的思想。

缸中之脑

20世纪80年代初，美国著名哲学家、哈佛大学名誉教授希拉里·怀特哈尔·普特南（Hilary Whitehall Putnam）在著作《理性，真理和历史》（*Reason, Truth and History*）一书中讲述了一个关于"缸中之脑"的假想：

有一个人（可以假设是我们自己）被邪恶科学家施行了手术，他的大脑被切除下来，放进一个盛有维持大脑存活营养液的缸中。大脑的神经末梢连接在计算机上，这台计算机按照程序向大脑传送信息，以使他保持一切完全正常的幻觉。对于他来说，似乎人、物体、天空还都存在，自身的运动、身体感觉都可以输入。这个大脑还可以被输入或截取记忆（截取大脑手术的记忆，然后输入他可能经历的各种环境、日常生活）。他甚至可以被输入代码，"感觉"到他自己正在这里阅读一段有趣而荒唐的文字：有一个人被邪恶科学家施行了手术，他的大脑被切除下来，放进一个盛有维持大脑存活营养液的缸中。大脑的神经末梢被连接在一台计算机上，这台计算机按照程序向大脑输送信息，以使他保持一切完全正常的幻觉。

这是一个令人恐惧的假想。当一个人处于"缸中之脑"的状态时，意味着大脑的每一个想法、每一次脑电波活动都不受自己的控制，而是受外来信号的驱使——信息是信号或者机器提供的，或者是由某一个人（操纵者）传过来的。你所有的思考和行为都被某种依赖逻辑限定在了别人写好的程序中，你能做的只有接受，并且对此完全没有怀疑。

认清"报时"困境，成为"造表"人

处于"缸中之脑"状态下的人就是在担当"报时"的角色，但他可能认识不到自己的困境。一个基本的问题是："当你发现自己仅仅是在'报时'而不是独立思考时，如何从'缸'中跳出来，拔掉大脑后面的连接线？"

假如你以前的日子是这么度过的，现在也毫无察觉，不准备做点儿什么改变现实处境，那么你以后的日子也会这样度过。

我刚参加工作的时候，上班没几天便遇到了一个棘手的问题。由于缺乏经验，我想不出好的解决方法，就去找我们的经理。我把问题向经理描述了一下，然后问："经理，您看这件事我应该怎么解决呢？"

经理并没有回答我的问题，他反问我："你说应该怎么解决？"他面无表情，直接把皮球踢还给我。我厚着脸皮继续问：

"经理，这个问题我实在没什么好的方法解决，才来征求您的意见，您看是不是给我一些指点或提示？"经理双眼一闭，头也不抬地说："你不要讲了，回去好好想一想再来找我，你要换一个思路仔细琢磨，别遇到一丁点儿麻烦就让上司给你答案。"

对于经理的态度，我又生气又无奈，却不敢发作。没办法，问题终究还是要自己解决。回去以后，我翻阅了大量的资料，参考公司以往同类问题的解决方案，也咨询了一些朋友的建议，终于制定了一个思路。

原以为如此艰巨的工作肯定能获得上司的表扬，但经理听完我的汇报后仍然面无表情，他看了一眼厚厚的计划书，又拿起来翻了一遍，眼神就像在看一堆垃圾，看完说："就是这个方案吗？"我点点头。"哦，回去再想一下，肯定还有别的方法，你现在的这个方案还比较肤浅。"

我怒火冲天地离开经理的办公室："上司一定是在故意针对我！"当时我认为自己在该公司的前景已经完蛋了，生存环境实在太恶劣了。但我回去后细细地琢磨后理清了思路，发现这个问题果然不止一种解决方法，而且这个方法比第一个更好、更全面。经理的态度还是有道理的。

为了防止这一次的方案再次被否决，我又认真地想了另外一个方案作为备用计划。当我把两种方案拿给经理时，他的态度有了180°的转变。他不仅很认真地听取了我的汇报，读完计划书，还帮我分析了每个方案的优缺点。

"我帮你理了一下思路，但我不会告诉你应该采用哪一个，这需要你自己来衡量。记住，你是在为自己工作，我需要的是你来告诉我怎么解决问题，而不是由我来告诉你答案。"

在这个故事中，经理扮演的角色就是"造表"的人而不"报时"的人，同时他也希望我成为一个"造表"人，而不是一个"报时"的复读机。他没有直接给我一个答案让我复述，而是引导我靠自己解决问题。这件事对我的人生产生了很重要的影响，直到多年以后，我仍然记得这位经理对我的警示："任何时候都要有自己的思考！即便是上司告诉你的，也未必就正确，因此你要有自己的分析能力！"

和墨守成规说再见

突破常规才能收获成功

有一则关于墨守成规的故事：

从前有一个商人，他奔波于各地以贩卖为生。这天，他在一个市集买了两百千克的食盐，装进麻袋放在马背上，然后牵着马去另外一个市集销售。

由于食盐太沉，这匹马走得踉踉跄跄，在经过一条河的时候，这匹马跌倒在河水里。食盐经过水的浸泡，慢慢地融化了，食盐越少，马也就越轻松。

接连几次，这个商人贩卖的东西都是食盐，而这匹马每次都在河里面跌倒。因为这匹马知道，跌倒以后会让自己很轻松。

可有一次，商人贩卖的是棉花，同样，在河里面，这匹马再次故意跌倒，棉花迅速地吸足水，越来越沉。于是，这匹马再也没有站起来，加上水流比较急，商人来不及解掉马背上的棉花，马就被冲走了。

我们嘲笑故事中的笨马，它习惯了前几次的做法，以为这种做法在任何时候都有效，它在头脑中形成了一种潜意识："只要过河时摔倒，就能轻松一些。"当事物发生变化时，它死在了这种惯性认知上。

不少人做事的时候都是笨马的思维。开始之前，他们很少去想这次要怎么做，而是习惯性地按照以前的方法（大众认可的规则）行动。他们并非觉得这样一定会成功，而是习惯和经验告诉他们这么做的风险是最小的。

有一位员工在一家公司一干就是十多年，一直没有升职的机会。但是新来的一批实习生中，有人居然仅用了一年的时间就成了他的顶头上司。这位员工非常不服气，于是去找老板讨公道："我有十多年的工作经验，为公司付出了这么多，为什么却比不上一个只有一年工作经验的实习生？"老板说："别人用一年学会了十年的经验，而你用十年时间只学会了一种经验。"

在这个世界上，为什么懂得创新、敢于创新的人那么少？就是因为多数人习惯于遵从惯性，懒得自立，不愿意重新启动一套新的模式。所以他们就像这位员工一样，在惯性的依赖中走向了困境。如果及时打破常规，从安逸的惯性中跳出来，通常能为自己换来一片新的天地，创建一种新的格局。

第二次世界大战期间，德国的一个偏远乡村来了一个乞丐。这是一个风雨交加的夜晚，乞丐走到了一户农家的门口乞讨，因为战争年代沦落为乞丐的人太多，加之食物匮乏，所以很多人家根本不会开门。

这个乞丐的运气不错，有一位女士前来开门，但她并没有打算施舍点儿什么，只是客气地请乞丐去别的人家看看，不要来打扰她。

"对不起夫人，我实在是太冷了，我只要在你家门口避避风雨就好了，附近没有避雨的地方。"乞丐的样子很可怜。

"好吧，不要乱碰我的东西。"这位女士说完就要关门。

"对不起夫人，能否借我一口小锅和一些柴火，让我煮点儿汤喝？"乞丐说。

"可是你并没有食物，你怎么煮汤？"女主人好奇地问。

"夫人，请您发发善心吧！"

女主人答应了，回屋取了一口锅交给了乞丐。

只见乞丐用石头把锅支起来，从口袋里面掏出几片青菜叶，在旁边的水坑里弄了些水，点火烧了起来。

"这就是你要煮的汤吗？"女主人不可置信。

"是的，夫人，我什么都没有，只能这样填饱肚子了。"乞丐冻得瑟瑟发抖。

"最起码，你要放些盐吧。"说完，女主人回屋拿了一些盐。

女主人觉得锅里那几片青菜叶实在太可怜了，于是又给了乞丐一些青菜，但几片青菜叶怎能果腹呢？女主人又给了乞丐一块面包，最后甚至把剩下的晚餐都给了乞丐。就这样，聪明的乞丐在这里吃了一顿饱餐。

如果按照传统的乞讨方式，敲开房门后就讨要面包，乞丐估计一点儿饭食也讨不到。但他却打破了人们对乞丐的传统认知，也突破了过去的"讨饭规则"。他先博得女主人的同情心，继而提出要一口锅做汤。这对一个家庭来说并不是过分的要求——食物虽不充足，但做饭的锅还是有的。正是做汤这一行为锚点，引起了女主人的兴趣。她认为一个乞丐是做不出什么汤的，就想一探究竟，这正好顺应了乞丐的思维。最后，突破常规的乞丐吃到了一顿美餐。

不，我另有安排

当你不想做的时候，当然可以选择拒绝

在工作和生活当中，"合理的拒绝"也是一项必须学会的技能，生硬的拒绝可能会伤害或者得罪别人。但如果不及时拒绝，就会给我们带来无穷无尽的麻烦。拒绝既能保护我们的时间、精力和利益，也是思维自立的一种最基本的表现，说明你并不依赖和屈从于别人。

在北京打拼多年的刘先生省吃俭用，终于在东四环买了一套80平方米的房子。房子并不宽敞，一家三口再加上一条哈士奇，住起来勉强够用。买上房子本该是幸福生活的开始，但刘先生的麻烦事却从搬进新居后不久便开始了。

起初只是老家的父母偶尔过来小住几日——这在夫妻二人的计划之内，后来，刘先生的一位表哥听说他在北京买了房子，就想在来北京旅游的时候暂住几日。刘先生是一个热情的人，不好意思拒绝，没有和妻子事先商量就同意了。

对于这件事，妻子强烈反对，她觉得这种事情应该从一开始就坚决地拒绝，一旦开了口子，自己正常的家庭生活就会被打乱。因为这件事传开以后，未来到北京办事、旅游的亲朋好友，就会以各种理由住到家里来。这就是一种破窗效应。妻子建议让他们住到宾馆去，甚至提出可以资助一部分房费，但刘先生碍于面子，不好收回自己的承诺。结果表哥来京后，一住就是20天。由于家中只有两室一厅，刘先生不得不把属于孩子的那间卧室让出来给表哥一家人住，妻子和孩子睡在主卧室，他则和哈士奇一块儿睡了20天的沙发。

正像妻子担心的，表哥走后生活并没有恢复平静。仅过了两个月，刘先生的一位堂兄要来北京出差，也希望在他家暂住几天。堂兄一边提出要求，一边抱怨单位不给报销差旅费用。大家都不容易，刘先生又心软了，他同意了堂兄的请求："过来吧，反正就两三天，就别去酒店花冤枉钱了。"

堂兄在刘先生家住了四天，因为不断去应酬客户，每天都到半夜才回来，他没有钥匙，到家门口只能大声地敲门，几位邻居都被敲门声吵醒过，刘先生只能无奈地向邻居赔礼道歉。

就这样，堂兄走了以后，刘先生家每隔一段时间就会来客人。既然前面的几位没有拒绝，现在他更不好意思把亲朋好友拒之门外了。妻子不堪其扰，家庭矛盾日益激烈，后来她向刘先生提出了离婚，因为丈夫这种老好人的做派令她再也无法容忍。她觉得丈夫没有主见，也没有立场，别人不管说什么他都答应，已经严重影响到了家庭的和谐。

我发现很多人都是这样的，因为不想破坏人际关系，不希望在别人眼中留下坏印象，因此从不对别人的请求说"不"，也不敢对别人说"不"——他们害怕别人对自己有不好的看法。于是，干脆当一个老好人，步步退让，没有底线。自己受委屈不说，关键是这样的人际关系并不能长远，也不能为自己带来好的名声。

如果你不懂得拒绝他人的不合理要求，当你勉强接受的时候，就已经把自己放在了双方关系的不平等位置上，等于屈从于对方的思维。你的妥协没有为自己带来好处，同时也未必获得了对方的尊重。

小秦初到公司的时候也跟前面的刘先生一样，在人际关系方面特别谨慎，十分在意别人对他的看法。当同事求他帮忙时，他都会痛快地答应，但这种热心肠后来就成了应该的——他做多少超出自己职责的工作在同事眼中都是应该的，开始时还有口头的感谢，后来连感谢的眼神也没了。

有一次快下班的时候，刚从外面办事回来的小秦发现自己的办公桌上放了厚厚的一沓资料，旁边放了一张"拜托纸条"：我晚上有重要约会，脱不开身，就知道你有时间，这些资料就交给你了，明天会议要用。小秦晚上还要整理自己这几天的客户资料，并有不少报表等着去做，再加上同事拜托的工作，忙到明天早上也未必能够做完。

于是，他急忙给这位溜之大吉的同事打电话，想要拒绝这次帮忙，没想到同事的手机一直处于忙碌状态。小秦打了足有半小时，一直打不通。最后，他只好硬着头皮接下了这些额外的工作，熬了一个通宵，一直加班到次日清晨五点钟。

第二天上午开会的时候，小秦加班加点为同事做的资料得到了领导的极力称赞。没想到的是，那位同事欣然接受了领导的夸奖，却只字未提小秦的功劳。他本来以为同事至少会提一下自己的名字。这件事给小秦上了残酷的一课，事后他没有去找那位同事理论，而是直接把他拉进了黑名单，从此不再答应任何同事不合理的拜托了。

当你觉得不好意思开口拒绝的时候，不妨从另一个角度思考一下：别人向你提出一些过分的要求时，他是否不好意思？既然对方都好意思开口，你又有什么不好意思拒绝呢？因此，不要总是处处为他人着想，遇事要有自己的底线。

如何委婉拒绝

我们的处世之道中一直有一个理念：不要轻易地得罪别人。即使必须得罪对方，也要给别人留面子。正是这种强大的观念，导致人们在处理一些事情的时候格外小心翼翼。人们都明白，有些话直接说出来虽然更加便于理解，但是也容易伤到别人的自尊。人们觉得，如果不能学会委婉地表达，一不小心就会伤害了对方的面子，为将来的相处埋下隐患。

有些拒绝是不能犹豫的，但如何做到委婉拒绝呢？

丽丽是一名天生丽质、性格很温柔的女孩，颇得办公室男士们的青睐。小李便是众多仰慕者之一。在一次午休时间，小李趁着办公室没人，将自己精心挑选的礼物放到了丽丽的面前，希望她能明白自己的心意。丽丽对此当然很明白，小李喜欢自己，可她却没有什么感觉，只是将他当作一般的同事而已。但是，小李带着礼物和满心的期待站在面前，炽热的眼神正凝望着自己，如果直接生硬地拒绝的话，一定会让他无比难堪。

略作思考，丽丽笑了笑，调侃地说："你还真会挑东西，我男朋友也给我送过一个同样的礼物。既然我都有一个了，你的心意我就不能接受了，还是把这个漂亮的礼物送给你的女朋友吧，她一定很高兴。"

丽丽的拒绝方式，一来暗示小李自己并不会喜欢他；二来委婉地拒绝了他的礼物，断掉了他未来的念想，并且两个人都不会太过尴尬。反之，如果丽丽直接给小李当头一盆冷水，对他说"我不喜欢你，也不接受你的礼物"，势必会让小李非常尴尬，没有台阶可下。毕竟对于很多人来说，在这一刻，面子可能比爱情更重要。如果丽丽没有用恰当的方式表明态度，处理好这件事，将来他们的同事关系很可能会恶化，很难和平相处了。

无法拒绝是出于善良

办公室里总有一些动机不良的人，属于他们分内的工作却不愿意自己做，找各种借口求助于那些看上去比较善良的同事，利用别人的善良为自己谋私利。他们开口向你求助的时候，也总会装得楚楚可怜，让你不忍拒绝。比如：

"我今天身体不舒服，你可不可以帮帮我？"

"我今天有个约会没时间加班，这次你帮我，下次我帮你啊。"

"这个工作我怎么做都做不好，你帮我看看应该怎么办？只要能交差我就请你吃饭！"

如果你不幸是那一只天真又善良的小绵羊，那么你将会有无穷无尽的工作要做。自己的工作一大堆，还要做别人临时扔过来的事情。可想而知，你将会陷入周而复始的加班中。问题是，你做得好，功劳不归你；你做得不好，出了问题，他们会毫不犹豫地赖到你身上，因为你是最佳的替罪羊。

也许你也偶尔想过拒绝一两次，但通常不会成功。"老狐狸"们早已经视你为软柿子，他们会想尽各种办法让你接受。他们是强大的思维操纵者，会极尽溢美之词地夸赞你乐于助人、善良等，并向你保证以后定会报答，让你根本不好意思拒绝。

接着将发生什么？他们会一而再，再而三地厚着脸皮让你帮忙。当你试图拒绝失败后，很难再有开口的勇气。不要以为别人真的认为你是善良的，他们内心得意，因为能够轻松地操纵你，而你成了标准的"缸中之脑"。

除非你从一开始就拒绝，不然很难推开诸多伸过来的请求你支援的手。你帮了这个人，却拒绝了另一个人，那么其他人对你就有意见——此时你已经养成了乐于助人的习惯，别人把你的帮助当成了应该的——这种诡异的付出演化成了一种不容抵抗的惯性，就像高速行驶的列车。因此，不要害怕影响同事关系，不要因为依赖而信任，第一时间开口拒绝。拒绝得越早，未来的关系就容易相处。

有位刚进入某公司上班的女孩曾经在网上发帖求助。她说，公司的一些老员工总以各种理由让她帮忙处理工作，她的脸皮薄，怕得罪人，怕影响同事关系，结果自己每天都在加班，现在想摆脱困境，却又不知该如何开口拒绝。

帖子发出后，有些经验丰富的人告诉她："在对方第一次提出这种要求的时候，就要拉下脸来。千万不要不好意思，否则以后你会陷入无穷无尽的麻烦。如果实在不好意思开口，就在自己的办公桌旁挂上一个'免打扰'的标志牌，当别人向你求助的时候，直接把牌子指给对方看。"

记住：软弱=好欺负

缺乏思维自立的一个后果是，它会给你带来软弱的性格。忠厚老实和性格温和的人通常比较弱势，什么事情都愿意忍一忍。当同事把工作扔给他时，他也不敢反抗。他的想法是：这不是什么大不了的事，也就是加班而已。为了良好的同事关系，为了自己的前途，忍忍就过去了。

但是，善意的忍耐会纵容别人变本加厉地支配你——操纵者的勇气得到了鼓励，他们把更烦琐的工作推给你，但在好的工作机会面前却从来不会记得你的名字。你被一堆无关紧要的工作占据了精力，于是只能待在食物链的最底层，永远得不到真正的锻炼机会。你成了他们思维的奴隶。

在北京CBD上班的小吕是一个性格非常内向的女孩，长得文文弱弱，说话也特别小声，平时喜欢安静，与人打交道也和和气气，一切都好商量。她是个没什么主见的人，很少强硬地向同事表明立场。因此，公司的老员工总是欺负她，支配她做了很多不属于本职工作的事情。

小吕入职一年多来，每日的工作几乎都围绕在买午餐、冲咖啡、打扫卫生、复印文件、收发快递上，但她的本职工作是做文件的翻译。实际上，她在上班时间干的全是行政后勤人员的任务，分内的工作只能靠加班来完成。

有好心的同事劝小吕不要太软弱了，该拒绝的时候要大声说出来，如果不敢表明立场，将来苦头有得吃。但小吕不敢拒绝，她害怕以后这些同事会给自己穿小鞋，影响她在公司的发展。

小吕的担忧固然可以理解，但这种没有底线的忍耐未免太过懦弱了，甚至让人觉得不值得同情。在人们眼中，软弱就等于好欺，同事之间的关系在本质上也属于思维的博弈——希望对方听从自己的支配。一两次的帮忙是正常的求助，但她明显已经变成了办公室里的勤杂工。

· 她干了很多分外之事，但并未换来尊重。

· 人们不停地使唤她，而她逆来顺受。

· 她超额承担了300%的工作，却领着微薄的薪水，上司看不到她的贡献，或者说并不认同她的做法。

如果一直不反抗，小吕将很快被淘汰出局。换句话说，她在该公司是没有前途可言的。

正确的做法是——立刻站起来，停止这些无用的帮忙，并画出一条红线。如果再有人提出这种无理要求，必须不卑不亢地拒绝，表明自己的立场。只要理直气壮地表达出了自己的意见，别人就会开始敬畏，未来再想支配你的时候，他们会慎重地考虑一下后果。

做不到的不要硬着头皮上

还有一些不好意思的拒绝，是在竞争中的迫于无奈，比如面对领导的指挥与支配。工作中，有些人不敢忤逆老板的意见，怕丢了饭碗，于是在接到一些自己无法做到的任务时，为了讨好老板，也硬着头皮去做。结果是出力不讨好，赔了夫人又折兵。

有一次，老板派李明去跟客户接洽项目尾款的事宜，可李明一直有交际障碍，在应酬这方面并不擅长——对一个不善应酬的人来说，这项工作对他来说难度极高。但是李明不敢跟老板提出换人的请求，他担心老板认为自己能力不行，影响在公司的前途。他咬咬牙，接下了这个任务。

在酒桌上，客户一直不提尾款的结算问题，而是一个劲儿地劝李明喝酒。李明是一个滴酒不沾的人，只要喝一口就全身过敏。他坚持自己的原则，拒不让步，这让客户极为生气，找到了发作的借口，当场拍桌子离开了。他悻悻而归，老板大怒："没有这个本事，为什么要接这个工作？"

这件事告诉我们，做不到的事情就要拒绝，不然得不偿失。为了逃避开始的拒绝，就要承担最后的痛苦。就像李明一样，对自己不擅长应酬的情况心知肚明，却因为不敢拒绝老板而勉强答应下来，结果工作没做好，得罪了客户，也在老板心中留下了负面印象。

他完全可以采用一种迂回的方式告诉老板"我不能胜任"，然后请求公司安排更合适的人去——出发点要为公司的利益着想。调整思维的模式，就能改变尴尬的局面。比如，他可以先表现出积极参与的态度，主动询问老板一些任务的细节。

·我去了应该怎么说？

·我是公事公办，直接催款，还是要采取其他策略？

·假如客户让我喝酒怎么办？

说到这里，他就可以坦诚地说明自己的实际情况——我不能喝酒，身体过敏。这时，不用你拒绝，老板也知道你不是最佳人选，自然就不会再派你去执行此类的任务了。

在传统思维中，人们普遍认为帮助别人是一件很快乐的事，乐于助人可以让自己变得更有力量，也能赢得更多人的友谊和尊重。这是理想情况，是我们坐在书房、教室里幻想出来的世界。

事实证明，助人与拒绝之间存在着一条清晰的边界，我们必须在两者间理性衡量，做出适度的选择。某些时刻，拒绝才是最有力量的发声。敢于拒绝，能够证明自己是一个有主见、有底线、不容侵犯的人，把那些思维操纵者挡在足够远的地方，让他们在心底对你保持一定的畏惧。

这种畏惧会转化为尊重，它能保护我们不被别人的意志侵蚀头脑，影响决策。成为这样的人，才是值得别人尊敬的。在这个基础上，我们才能谈思维自立的事情，并对未来进行高质量的思考。

①思维自立直接为我们带来的——只有在人格平等的基础上建立的沟通和关系，才具有长久的可维系性。

②说"不"不是目的，而是走向思维自立的途径——需要指出的是，说出"不"字的那一刻不是结束，而是一个开始。你要给对方以心理补偿，比如提一些建议，多一些关心等，展示自己坚定且成熟的心态。

③重要的不是拒绝本身的伤害，是你想表达的意图——没有任何人可以回避拒绝的伤害，但我们可以通过委婉的表达将明确的意图传达给对方，并促使人们接受。接受并尊重，新思维才能开启新的关系。

④学会自立思考是一个漫长的过程，正如拒绝不能一蹴而

就——辩证地思考这个世界，保持距离地审视自己和每一个人，同时把握拒绝的分寸。思维的成熟是一个漫长的过程，我们要有耐心地站立起来，掌握独立思考的技巧，摆脱依赖。

PART 4

反惰性
聪明人都是行动狂

是什么导致了人的贫穷？并非物质条件的匮乏以及经济发展的不平衡，而是人的思维问题。人们一方面强烈地渴望改变命运；另一方面又因为封闭的思考主动拒绝头脑的开放。每个人命运的陷阱都是他自己挖好的，也为此付出了代价。

信息并非越多越好
从海量信息中反向思考

　　随着时代的发展，我们获取信息的途径越来越丰富：互联网、书本、报纸、广播、自媒体……大量信息的涌现，在飞快地扩张我们的知识量的同时，也加剧了信息泛滥带来的头脑混乱。信息在指数级裂变，并有将所有的领域混为一体的趋势，这加大了思考的难度。因此，有研究发现：

信息越多，视野越封闭

　　我在给一些学生讲课的时候引用过一则故事：几个学生在实验室尝试不用任何工具打开一瓶红酒，六个学生花费了一个多小时，总算把红酒打开了。接下来，为了测试几个学生的想象力，老师让学生们思考一下如何处理这瓶红酒，任何想法都行。有学生兴奋地说："喝掉它，毕竟费了这么多时间才打开！"有人则说："干脆把这瓶子砸碎了算了！"也有的同学说："把它倒进六个瓶子里，咱们一人一个拿回去珍藏吧！"

我让在场听课的来自哈佛、普林斯顿、斯坦福等常青藤盟校的学生们试着想象一下："你们会如何处理这瓶红酒呢？你们是一口气喝光，还是带回去珍藏？还有没有更让人兴奋的好点子？请马上告诉我！"

这个测试没有带给我超预料的惊喜，即使是名校的学生，对于处理一瓶费力打开的红酒也没有什么更为精彩的想法。我听到了二十多个回答，大都围绕故事中的几个学生的思维展开，就像跳进了一个挖好的深井。

后来有人问我："您会怎么做？"

我回答："我会再把它盖上。"

"呀——"他们都没想到还有这样一种想法。

这个普通案例讲的就是人们在海量信息中突破无用信息进行反向思考的能力。生活中，我们总是愿意沉浸在享受某种短暂成果的幸福中，为自己的聪明智慧兴奋不已。我们有许多选择，却很难再有更加宽广的思考，因为我们不懂得后退，意识不到还可以向左看，向右看，甚至向后看，这些不同的角度可能更有价值。就像一群学生沉浸在打开红酒的喜悦中，却没有人再想到把它盖上一样。

"盖上"就是一个逆向的思维结果，它让人跳出了之前所有的信息指向，由自身的意志掌控了思维，而不是那些"欢乐的信息"。

除了学会逆向分析信息，还要懂得求证。用求证的方式突破信息的陷阱。在互联网时代，整个社会均呈现出信息爆炸的形态，各种消息铺天盖地，但消息有真有假，要有效地使用这些信息，首先就需要分辨它们的真伪。如果不加辨别就采用，融入思考，很容易上当或者犯下错误。

例如，网络诈骗是人们最近很熟悉的话题，就是人们在信息的海洋中迷失方向、做出错误判断的典型体现。有些诈骗的手段并不高明，根本不足为信，但为什么屡屡有人上当受骗？

山东省济南市的十里河地区有一位退休职工王某，这天收到了自称是辖区派出所的电话，说他的儿子因为涉嫌诈骗已经被刑事拘留，现正在由外地押回济南，但是因为他的儿子把诈骗来的五万元挥霍掉了，需要把这个钱还给受害者才能减轻处罚，对方让王某把钱汇到一个账号中。

来电显示的确是警方的号码，加之王某确实有一个儿子，整天不务正业。这就让他深信不疑，他没有给儿子打电话证实事情的真假，立刻就前往银行汇款。幸运的是，王某今年70多岁了，对于汇款的流程不太了解，便将账号交给了银行的柜台人员寻求帮助。细心的柜台人员发现情况不对，仔细询问，立刻认定这是诈骗，就劝王某先联系自己的儿子。电话很快打通，王某的儿子正在和朋友吃饭，并没有被警方拘留。

跳出犯罪分子的陷阱并不困难，只要稍微求证一下，或打电话给警方，就能知道信息的真假。这么简单的思维步骤，生活中却有无数人直接略过。就像王某，他并没有求证，而是当即选择了轻信对方。很多犯罪分子就是利用人们的这种思维盲点，用简单的骗术屡屡得手。现在，我们可以随处看到诈骗信息，电脑网页的弹出广告、大街上的传单、手机短信抽奖……天上不会掉馅饼，没有不劳而获的事，只要不存在占便宜的心理，自然就不会轻易地上这些不良信息的当。

今天，我们不得不面对一个严峻的问题——在五彩缤纷的"拇指时代"，信息是海量的，也是过剩的，每分每秒都有无数新的信息产生出来，跳到眼前，但如何选择和利用？怎样做出正确的判断？

人们本能地追求掌握更多的信息，但对思考而言，信息并非越多越好。现实情况是：在解决麻烦的时候，我们通常只需要一条关键信息就够了，而其他大多是一些模糊而没有定论的信息。它们堆叠在一起只会增加思考的难度。有效信息的作用应该是消除我们对于事物认知的不确定性，从模糊的状态转变为确定的状态，但大量的无用信息却使这种不确定性更为变本加厉。

1.多获取确定的信息，并从中摘选那些对我们有利的，从而有效地利用。

2.对于模糊的信息，不要花过多的时间去研究分析，因为信息来源很足，没有必要浪费时间。

3.有些模糊的信息可能会对我们选择确定的信息产生影响。

我们所处的大环境就是一个无穷无尽的自增长的信息库，产生源源不断的价值，同时也充斥着大量的垃圾信息。这些信息浪费着我们的时间，干扰着我们的思考，影响着我们的生活和工作。对待这样的信息，要学会站到反向角度，逆向推演和求证，辨别信息的真伪，然后再做出最终的判断。

知道自己的无知
当你认为自己懂很多时，犯下的错误往往很大

你总会遇到那么一些人，他们自以为上知天文下知地理，不管说到什么样的话题，是不是自己擅长的领域，他们都会滔滔不绝地长篇大论一通，系统性地阐述自己的观点，以展示自己多么有才华。可如果我们要在这个房间找一个最无知的人，他们通常就是榜首之选。越是沉浸在自己的小世界里自以为是的人，往往就越无知，同时他们的头脑中也存在思维的巨大盲点。这和坐井观天、盲人摸象没有任何区别。

《荀子·天论》中说："愚者为一物一偏，而自以为知道，无知也。"意思是说，那些笨人自以为他什么都知道，这其实才是最大的无知。一个人就算博览群书，见解高明，然而对于那些没有接触过的知识，仍然是一无所知的；即使是某一领域的专家，

被视为行业的权威，他擅长的也仅仅是一个领域而已，在其他方面他可能知之甚少。比如一个经济学家，在音乐韵律、政治及科学技术方面可能就是一个白痴；而一个音乐家，他也许完全解释不清楚什么是道琼斯指数。

所以，求知性的思考对我们提出的第一个要求，就是认识到自己的无知，并谦逊地对待这个世界。当你认为自己懂得很多时，你就将要开始犯错误了。你越不谦虚，思维的自负指数越高，犯下错误的概率也就越大。

我认识一个做期货的人，他戏称自己是"世界经济的海盗"，对自己在这方面的才能非常自负。前两年赶上了好时候，他狠狠地赚了一大笔，在美国夏威夷买了别墅，在中国的海南岛购置了庄园。机缘巧合下，他摇身一变又成了某电视节目的特约专家，在财经节目中向希望迅速成为投资大师的"小白们"兜售他的成功经验。再后来，他出了一本书，对自己的专家身份进行了文化包装。

经过这一系列的华丽变身后，他的虚荣心急速膨胀，忽然感觉自己了不得了："在投资领域，比我眼光强的人不超过20个，我是指全世界。"除了巴菲特、索罗斯等投资界的大神级人物，他可能谁都不服。他逢人便宣讲自己这些年的发迹史，然后指责别人的眼界是多么狭窄。发展到后来，他的视野跨出了投资行业，即使是自己一无所知的行业，他也会拿出自己炒期货那一套"指点江山"，为别人指出一条"光明大道"，企图说服别人按照他的建议行事。

如果有人因此提出了相反的意见，他便会非常生气地痛斥对方："你懂什么？你知道我经历过多少大风大浪吗？"后来，人们便不再当着他的面表达自己的想法了，他的朋友都在私下调侃："也许等他从橡树尖上掉下来，他才知道赤道的沙子是多么烫屁股！"

这一天来得很快，全球经济的下行影响着每个行业，他的投资终于失手了，赔了个底朝天——房子、车子乃至股票等全部搭了进去，还欠了银行数亿元的债务。那些曾经被他羞辱的人举杯欢庆。

"他这人太自大了，以为自己无所不能，现在终于知道自己只是海滩上的一只怕水的蚂蚁了。"

"他早晚都会有这一天的，只是时间早晚而已。"

"上次我就提示过他最近的行情不好，叫他不要冒险，但他不听，总认为自己有先见之明，听不进任何相左的意见。"

……

在经历了这次惨败之后，这个人就从大众视野中销声匿迹了，财经节目和商业专栏中再也看不到他的身影。一起为这次失败买单的，还有那些多年来追随他的粉丝。其实他完全可以避免这次失败——如果他欲望的触角不伸向自己不懂的领域的话。但他过于盲目自信了，觉得自己什么都擅长，无所不能，现在他为自己的无知缴纳了一张天价罚单。

一个人无论多么神通广大，判断力总是有限的，因为谁也无法掌控未来。一件事情，一个项目，计划得再周密，进展的过程中也充满了不确定性，任何一个因素发生了微小的变化都有可能引发蝴蝶效应，导致全局的失败。我们的想法就一定是正确的?谁也不敢打保票。

如果你的身边有这样的人，请一定要远离他。假如你被他表现出来的自信所迷惑，按照他的思路展开行动，就等于认同了他的无知，说明你也是无知的。如果你就是这样一个自信爆棚的人，现在起就要小心了，未来的某一天你可能会为此付出代价。

"认识到自己的无知，是认识世界最可靠的方法。"一个人如果连自己的无知都不曾正视，那么失败就是迟早的事情。

1. 正确地评估自己的能力。

正确地认识自己，看到"思维之圆"外面的无限的世界，我们才能意识到自己的眼界有限、能力有限、认知有限，必须不断地学习、求知和探索。人们不知道自己处于怎样的水平线，眼高手低，制订的目标远远地超出了自己的能力，才容易半途而废。

比如那位做期货发家的投资专家，他完全可以继续在期货市场打拼，凭借天赋和经验占据一席之地，但在别的领域他是一个不折不扣的门外汉，失败的风险是非常大的。可他总拿着在某一领域的成功经验去解决所有的事情，结果肯定是搬起石头砸自己的脚。

2. 任何时候都不要自作聪明。

自作聪明的思维让人看不到对手的存在，认为自己才是最正确的，自己看到的东西别人都没有发现。可事实恰恰相反，也许大家看得更远，他自己才是那个蒙着双眼走路的人。例如在期货市场，每一个成功操作过几个项目的人都是投资或投机的专家，都非等闲之辈，未必就比那位财经节目的红人差。况且在这种高风险的行业，经验丰富也不一定就是优势，任何自负都属于自作聪明。

因此，要改正固执的缺点，去除思维中顽固不化的成分，不要认定了一件事情，就片面地看待与它有关的所有问题，忽视其他细节。如果你认为自己是无人能及的聪明人，将有很大的概率得到一个笨人的结局。

3. 得意勿忘形。

偶尔一次获得了成功，有人可能就会得意忘形了。他感觉这件事没有想象得困难，做起来非常简单。我见过一些做生意失败的人，他们都有一个共同的特点：前期一帆风顺，志得意满，但是突然间就一败涂地。为什么会这样？因为旗开得胜，所以看低了事情的难度，认为未来一片坦途，一切尽在他的掌握之中。恰恰在这时，真正的危机开始了。

在我们取得一些成功的时候：

别着急庆祝——先总结自己成功和别人失败的原因。

可以假设一下——如果是自己处在那些失败者的位置，会不会犯同样的错误。

不要有侥幸心理——没有人保证下次仍能成功，要警惕因为这次成功带来的轻率和侥幸心理，要看到潜在的问题并解决它们，而不是蒙上眼睛欢庆胜利。

4.即使获得伟大的成功，仍要保持谦逊。

美国著名的科学家、发明家本杰明·富兰克林，在年轻的时候就已经表现出了优异的才华，但是他的人际关系并没有因为才华的增加而得到扩展。相反，因为他太过狂妄自大，人们都不太喜欢他。生活中就是这样，我们总是讨厌那些不可一世的家伙。

有一天，富兰克林去拜访一位老者。当他踏进门口的时候，因为门框较低，他的头被门框狠狠地"教育"了一下，起了一个大包。富兰克林虽然很恼怒，但他并没有因此低下头，依然高昂着自己的脑袋屈身而进，展现了他高傲的性格。

老者把这一切都看在了眼里，他笑着问："是不是很痛？"

富兰克林抚摸着自己的头说："是的，先生，您的门太低了。"

"不，亲爱的富兰克林，不是我的门太低，是你的头抬得太高了！"

听到这句话，富兰克林顿时意识到自己的行为冒犯了老者，赶紧低下头认错："是的，先生，我知道了。"

一个骄傲自大的人，无论他的成就有多高，名声有多大，人们都不喜欢与之接触。就像早年的富兰克林，人们虽然敬佩他的发明和创造的才华，却不认可他的品格，不愿意与之做朋友。直到他懂得了谦逊的重要性，看到了自己在知识面前其实是多么渺小，改变了思想，调整了态度，朋友才重新回到了他的身边。

约书亚·斯坦伯格说："我们可以根据树影来判断一棵树的大小，可以根据谦逊来判断一个人的优劣。"一个具有强大思维能力的人，在获得伟大成功之后仍然能够保持谦逊的态度，严格地规范自己的心态。同理，一个懂得在成功之巅保持谦逊的人，才能获得人们最真诚的尊敬。

开放性思考
从不同的渠道获取信息

对具体的问题，每个人的思考方式都是不同的，它和我们在生活和工作中的经验有很大的关系。你的思考习惯了推开门，还是关上门？这决定了思维的视野。在日常生活中，最常用的思维模式是惯性思维（基于逻辑性的思维方式）——带来了经验和成功的惯例，但也具有非常强的局限性和片面性。面对一些突发事件或者较为复杂的情况时，如果无法利用现有的经验和知识解决，又没能获取新的出路，被单一的信息渠道困住，就容易陷进闭锁的思维中，最终走进死胡同。

要适应这个多变的世界，就要学会合理变通，扩大视野，用灵活开放的思考方式、求知的多元化思维去应对世界的多变和差异。

不要片面和保守地思考

片面和保守就等于封闭。一则可以反映封闭式思考的故事是盲人摸象，讲的是四个盲人都很想知道大象长什么样子，但是他们看不见，只能用手去摸。他们只有双手这个获知信息的工具。第一个盲人摸到了大象的牙齿，便以为大象就像一根胡萝卜；第二个盲人摸到了大象的耳朵，他把大象形容成了蒲扇；第三个盲人摸到了大象的腿，便告诉别人，大象只是一根柱子；第四位盲人摸到的是大象的尾巴，他对众人说，大象就是一根草绳。

这四个盲人心中的大象天差地别，是由于他们都只摸到了大象的一部分，误以为大象就是自己摸到的样子。这就是片面性思维最典型的表现，局限在某个单一的渠道获得的信息，呈现出来的是与整体完全不同的模样。

这个故事告诉人们的道理很简单：了解事物要有全面的渠道，要有想象力。如果只看到局部的东西就对整体妄下结论，结果便可能贻笑大方。

从相反的角度去思考

按照思维的惯性，我们在思考问题的时候最喜欢从正面着手，集中精力目视前方，专注于思考眼睛所看到的。因为眼睛看到的是最直观的——人们相信眼见为实，大脑不需要太多的回路就能快速地凭借第一印象得出结论。但在某些时候，最好的答案并不在事物的表面，而是隐藏在下面。

我们有时候也会发现，针对一个事物的正反面的观点都有道理，这时换一个角度思考一下，才可能发现另外一种思路。对所有的角度和观察渠道进行开放性的思考，对不同来源的信息进行综合判断，才有机会看到事物的真相。

有一只壁虎在墙壁上艰难地爬着，由于墙壁太光滑，爬到一半的时候，这只壁虎掉了下去。但过了一会儿，壁虎又接着爬了上来。掉下去，爬上来……反反复复，不过壁虎一直都没有放弃。

第一个看到的人说："我觉得自己应该像壁虎一样，不屈不挠，即使失败了也要从头再来。"

第二个看到的人说："这只壁虎太笨了，他应该换个地方再爬，这面墙壁明显太滑了。"

看，从不同的角度思考，就会得出不同的观点。这些观点反映出来的既是我们的心态，也是不同的思维方式——会对命运产生重大的影响。这两种观点都是没有错的，一个是坚持到底；一个是换一个思路。这两个人在工作和生活中的思考方式肯定也会有所区别：第一个人性格坚毅，遇到挫折通常不会轻易放弃；第二个人思维灵活，擅长创新。但在面对复杂的境况时，我们可能需要赞同第二个人的思路，因为大部分情况是换个思路就能解决的，绕开墙就可以迅速找到出路，未必每件事都需要拼命地跟墙较劲。

现实世界中，人与人在智力上的差别并不大。除了那些IQ特别高的天才外，大多数都是普通人。那么为什么有人能够用自己普通的智力获得较高的成就、建立伟大的功勋呢？决定这种不同的就是思维方式的差别。

不同的思维方式造就了不同的人生和不同的出路，因此，人们常说："思维决定命运。"

思维越保守，越难摆脱困境

成功者在体力方面付出的劳动可能和普通人差不多，除去体育领域的成功者，至少是不高于普通人的。甚至说，越是成功者在体力上的付出就越少，使他们与普通人区别开来的正是脑力劳动，是他们的思维方式。我们每个人都渴望获得世俗的成功，但如果你的思维运行方式出了问题，就会一直陷入某种贫穷的陷阱中。不论是精神、经济或思想上，你都可能是贫穷的。

在阿比吉特·班纳吉（Abhijit.V.Banerjee）和埃斯特·迪弗洛（Esther Duflo）合著的《贫穷的本质》（*Poor Economics*）一书中，作者列举了许多源于世界各地的真实案例，讲述了"为何我们无法摆脱贫穷"的问题。比如，书中在分析印度儿童的极度营养不良时说：

> 印度最贫穷的人身体很瘦小，原因很可能是其父母吸收的营养比较少，这导致儿童也会营养不良，这种影响在身高上得到了科学的印证。根据印度国家家庭卫生研究（NFHS）所显示的数据表明：5岁以下的儿童中，有大约一半发育迟缓，其中四分之一极度营养不良，而在3岁以下的儿童中，每5个儿童中就有一个偏瘦。
>
> 营养不良的最主要原因是贫穷吗？不，是因为缺少常识。比如印尼6%的男性和38%的女性都患有贫血症；在印度，患贫血症的男性为24%，女性甚至高达56%。我们都熟知补充铁元素可以治疗贫血，然而他们并不了解补充铁元素和加碘盐的重要性。并非是他们买不起，这种加碘盐在全世界都很普遍，他们或者可以选择每两年服用一次碘药剂，花费仅仅为51美分，但家长们却并不愿意从食物花费中节省出一点点作为投资，他们宁肯多买点儿昂贵的食物或者买一

台电视机。

在肯尼亚，国际儿童扶持会制订了一个抗蠕虫计划，呼吁家长为他们正在上学的孩子花上几美分，接受抗蠕虫治疗，但几乎所有的家长都没有响应。根据在肯尼亚的研究证明，持续得到抗蠕虫药品达到两年的孩子，其在上学的时间以及在青年时期挣的钱比只得到一年抗蠕虫药片的孩子多20%：蠕虫会造成贫血和营养不良。营养不良会影响人们未来的生活机遇，还会影响成人的处世能力。

从中你可以看到：是什么导致了人的贫穷？并非物质条件的匮乏以及经济发展的不平衡，而是人的思维方式出了问题。

人们一方面强烈地渴望改变命运；另一方面又因为封闭的思考主动拒绝头脑的开放。每个人命运的陷阱都是自己挖好的，他们也为此付出了代价。全世界最底层的10亿人都是保守与封闭的思考者。

我的公司曾经在一段时期内陷入了困境，回款困难导致公司的资金链断裂，甚至连支付员工的薪水都成了巨大的问题。我不得不考虑裁掉一批员工，缩减薪水和福利，只保留少数重要的岗位，来保证这部如同患了疾病却没钱付医疗费的机器正常运转。这不是一个好主意，而且这一系列措施势必会激起巨大的怨怒，

对此我心中一清二楚，但我当时实在拿不出更好的办法，所有的
商人在遇到这种情况时都很喜欢这么干。

管理层中唯一激烈反对的是我的合伙人肖力文。他坚决抗
议，为了这件事不止一次在会议室里拍着桌子和一群高层骨干争
论。相比于公司的困境，我的"不是办法的办法"更能激怒他。
听说公司准备大幅裁员时，他立刻冲进了我的办公室。

"伙计，没有比裁员更烂的主意了，虽然大家都这么干，但
这是一个烂透了的馊主意。你知道吗？裁掉一批员工，意味着我
们的业务要缩减，否则谁来完成那些工作？业务缩减会让我们本
就捉襟见肘的账目更加入不敷出，没有业务就没有进账，我们拿
什么给员工付薪水？缩减福利待遇不会给我们节省下几个钱，相
反却会滋生愤怒。那些侥幸留下的员工，谁知道他们是不是正在
酝酿跳槽，去一个能提供给他们更好待遇的公司？如果这个主意
实现了，人才流失带来的损失会更大。这是个陷阱，我们会陷入
贫穷。裁员是保守疗法，看似流血减少了，可会失去造血功能，
将来死得更快。这么简单的道理，你为何不反过来想一想？"

最终，选票赢了。赞成裁员减薪的高层骨干占据了一多半。
对于这个结果，肖力文和我陷入了为期两个多月的冷战。而我也
为这次不明智的决定付出了代价——在裁员后的几个月内，公司
的经营状况并未得到好转，反而急转直下，以前的老客户因为公

司业务的缩减正在考虑投向其他更有实力的公司，几个骨干人员因为不满待遇的缩减也纷纷递上了辞职信。减少开支并没有成功地挽救公司，反而让问题更为严重。

最终解决掉这场危机的是一笔拖延了两年的客户回款，还有肖力文想尽办法从银行借到的一笔资金。他的想法是对的，错误的思维方式会让我们陷入枯竭，保守的惯性有时会屏蔽大脑，让人看不到更好的思路。如果我当时能够断然否决裁员的主意，力求开源而不是节流，公司也许早就从困境中走了出来。

当我们做事情没有达到预期的目标时，我们就要问自己，问题到底出在哪里，如何思考才能开窍？

①认真总结自己的失误——思考出来的答案就是宝贵的经验。

②同样的工作，有的人是为了生存，将之当作饭碗；有的人则是求上进，谋发展。定位不同，追求就不同。

③不同的思路就有不同的发展，人们最后的命运也会大不一样。

为自己的命运获得一切突破性局面的前提，都取决于你是否具有开放性的思考。

不要做书呆子

多想想书上没告诉你什么

　　我们的传统教育中始终有一种根基牢固的观念：好好读书是至关重要的，不读书的人没有出路。所以人们早在学生时代就养成了拼命读书的习惯，书本知识好像可以解决一切问题，多数人对此深信不疑。但是走出校门以后，他们就会发现，理论知识固然强化了自己的思维能力，但有时书本上讲到的和我们接触到的现实不完全是一回事。

　　盲目相信甚至迷信书本上的知识，就可能成为一个理论丰富、分析和实践能力弱，面对实际工作时呆板僵化、缺乏创造性的人。从近几年的企业招聘情况就能看出，越来越多的用人单位更注重毕业生的个人能力和综合素质，对于专业和学历的要求，已经不再那么苛刻。

读书在行，工作却平平

根据智联招聘在2015年发布的《应届毕业生就业力调研报告》显示：在当年的应届毕业生中，30.6%的人签约成功是因为他们有实习的经历，这个原因也是在所有的应聘成功者中占比最大的；从专业对口的情况来看，60.6%的毕业生选择了专业对口的岗位，争取学有所用，而39.4%的毕业生则选择了与大学所学专业不对口的行业，书本上学到的东西这时反而用不上了。

从这些数据来看，专业对于职业生涯的影响也正在变小。我和公司的HR曾经去上海参加校园推介会，当然我们不是去招聘的，而是去做一个年轻群体就业现状的调查。当时有成百上千的企业人力资源主管在场，我们有幸得到了几百份有效的现场调查问卷。不出意外，绝大多数企业的招聘主管表示，在学历和社会实践报告中，他们更关注那些有丰富的实习经历的毕业生，注重考察年轻人分析问题和动手实干的能力。但现在绝大多数的应届毕业生缺乏实践经验，他们通常读书很在行，却在工作中表现平平。与知识储备比起来，逻辑思维能力明显不足。

"我希望招到那些一参加工作就能独当一面的人，虽然概率较小，但我宁可耐心地挑选，因为培养一个一窍不通的实习生实在需要花费太多的精力，成本过高，风险太大。"一家上海当地的外贸公司的人力资源经理说。

来自深圳的某电子科技公司的负责人直言不讳地说："这几年我见识了太多的书呆子，他们都有过硬的学历，是名牌大学毕业，学习成绩都是A。但在面试的时候你常会发现他们存在明显的沟通障碍，有的人语无伦次，完全不知道自己在说什么。他们分析问题的思维教条而保守，就像在背书。你看看在场的这些年轻人，他们中间至少有一半是这样的。"

说到这里，这位负责人用手指了一下现场："你很难把眼前这个人与简历上那些抢眼的标签联系起来，眼见为实，工作需要的是敢想敢干和富有创造力的人，不需要一个只会考试的机器。因此，那些在实习经验一栏空白的人，统统不在我们的招聘范围内。"

读书（或者说接受教育）是我们从事社会活动，从而安身立命的前提，因此才有"读万卷书，行万里路"的金句。但读书不是目的，如果只读书却不会运用，书本上的知识成了新的牢笼，禁锢了我们的思维，那么人就成了书呆子——书读得确实很多，实际经验却很少，说起理论滔滔不绝，真正做起事来却畏首畏尾，拿不出什么有效的方案。这种人惯于纸上谈兵，其实是眼高手低。他们是思想的巨人，行动的矮子。

结合实践判断信息价值

在美国西海岸做房产生意的道金斯先生向我讲述了这样一个故事：

他的公司里有个叫斯科特的员工，非常喜欢用数据解决问题。斯科特的口头语是"根据某调查显示""有研究结果证明""某权威机构发布的报告"……他的资料来源通常是维基百科，以及从一些专业网站上拷贝下来的分析论证。综合这些信息，他会用自己聪明的大脑进行汇总分析，然后写一份看起来非常漂亮又可信的报告，在会议室内用PPT演示出来，赢取人们的一片掌声。

用数据分析问题并没有错，而且这是不错的工作经验。对于某些要求较为严谨与科学的工作来说，斯科特是值得信赖的执行者。在一段时间内，道金斯觉得这个员工相当不错，是个非常有学问的聪明人。然而，这种良好的印象并没有维持多久，斯科特的问题就暴露了出来。

公司准备购买一块土地，计划在那里开发新型社区以及附带的商业区。这个项目还在讨论中，因为市场风向总会变，他们需要再具体地考察研究后才能定下来。斯科特迫切地想要证明自己的价值，他强烈请求成为这个项目的负责人。基于他过去一向严谨的工作态度，道金斯决定给他一个机会试试。

道金斯说："我准备考验一下他。"他要求斯科特提供一份说服力很强的报告，证明这块价值数亿美元的土地值得购买。这需要依靠大量的数据以及前景分析支持，斯科特在这方面做得很好，他提交了一份足有一百页厚的项目评估报告，并组织了内容丰富的演讲想要一举说服道金斯。

在斯科特的分析中，有必要在此地投资社区与商业区的原因是：这完全是一个躺着赚钱的项目，风险微乎其微，前景一片大好，开发潜力无限，未来 5 ~ 20 年的收益将会持续翻倍。

"你有没有了解最近的政策？"道金斯问他。

"当然，联邦政府对经济发展的支持一向是不变的，何况我们要建的是具有环保理念的居住及商业区，不是废水处理厂。"斯科特信心满满地说。

"你的数据很漂亮，我无法反驳。但我刚刚得到了一个消息，这个消息是一周前的新闻，就是我向你交代任务后的第二天刊登在媒体上的，有位议员建议在那片区域建立一座重刑犯监狱。虽然这个消息尚不确切，但我不能拿上百人的饭碗冒险。我不认为有人会愿意和一群重刑犯住在一个社区。如果没有人买房子，谁去光顾你的商业区？除非你能拿出强有力的证据证明那个消息不是真的。"

斯科特顿时目瞪口呆，他完全没有了解过政府政策，甚至没有实地考察过这个项目的可行性。他接到任务后，满脑子都在想如何组织商业语言说服老板，仅仅凭着从网上查来的数据，就妄图拿下一个几亿的项目。他对最新的消息缺乏关注，反映了他在思维上的死板。

从这件事上，道金斯发现斯科特其实是个书呆子——他不是一个思维敏锐的人，也许他更擅长做资料整理和数据分析的支持类工作，但让他负责一个项目的具体运营，完全就是在拿自己的钱袋子开玩笑。

我们在工作和生活中要用到的大部分东西都是书本上没有的。书的作用只是让你知道一些事情，但没有教你如何去行动。我们读完一本书，遇到困难时，从知道到行动还需要完成一个质的飞跃。想要完成这个飞跃，必须进行大量的灵活的实践。正是在实践的过程中，一个人的思维特点暴露无遗。有些人读的书不少，讲起理论来头头是道，然而一旦放到实践中，他们就会暴露出自己保守、僵化的短板。

要有提出问题的能力
掌握分析问题的工具，比学会生存的技能重要

现在几乎所有的主流观点都在强调执行力，鼓励人们提升自己的执行力，进而增强工作效率。的确，执行力是一项很重要的技能，起码一个缺乏执行力的人不论在哪个行业都是不讨人喜欢的，因为执行是工作的基础，是老板对雇员的第一要求。

但我们也应该意识到，问题的解决不仅仅取决于实际行动，更有赖于问题的提出——"提出问题"才是首要的问题。如果你不会提问，不会主动地分析，就不清楚问题的盲点出在哪里。即使你的执行力再高，也只是隔靴搔痒，解决不了实质性的问题，因为你缺乏对事物的关键部分的发现能力。

不会提问的人通常有以下特点：

1.思盲。

思盲即思维和视野就像盲人，看不到问题，也意识不到一个错误的决定会对工作产生什么样的负面影响。他们处理问题时盲目乐观，经常过于高估自己的能力。虽然执行的欲望强烈，行动的意志力强，可总是白忙一场，收效甚微。

2.害怕。

如果一个问题牵扯到别人的面子或者是复杂的利益问题，就有可能对问题的处理不能持有端正的态度。他们推脱、逃避责任，睁一只眼，闭一只眼就是最后的处理方式。

3.迟钝。

对问题的反应太过迟钝，解决问题的反应太慢，赶不上问题的变化。特别是一些棘手的问题，他们容易犹豫不决，束手无策，甚至会导致问题扩大化。另外，他们经过分析之后的选择能力也是平庸的，经常难以做出决定。

所以，要打破"只执行，不实事求是"的思维惯性，要学会发现并提出问题，因为发现不了问题就解决不了问题。带着问题去执行，效果可想而知。就像警察抓犯人一样，如果没有提出问题的能力，如何根据犯罪现场推演出犯人的特征、动机，从而精确地定位嫌疑人实施抓捕？

提出问题并不是简单地发出一些疑问，我们的大脑要深入到问题的内核，发现那些表面上看不到的深层次的东西，因为很多问题的本质并不会简单地摆在桌面上等着你去发现它，真实的原因往往隐藏很深，它还会与你玩捉迷藏。当你感觉到所做的事情不顺眼或者不知道哪里有些别扭时，这就是我们的工作出现了问题——要及时发现它，解决它。因为这是工作对我们大脑的重要提醒，在执行初期便应该引起重视：它可能是思维对问题的误解，也可能是经验的陷阱。此时，我们要尝试换一种思路，深入问题的内核，找到出现问题的症结，用求知与学习的精神发现新的知识，这样才能得出正确的答案。

对问题的界定

提出问题的过程就是一个对问题的界定过程，期间的思路会影响整个问题的解决和发展的方向。

有一位大二的学生不久前给我发来一封邮件。他说自己没有朋友，周围的人都不关心或不了解他，这让他感觉烦闷。他觉得这个世界的基调是冷漠的，人们都关在自己的狭小空间内互相防备。

他情绪化地说："人类变得越来越自私了，我很失望。"

这位同学对问题的界定出了错误，他把问题的症结归咎到社会和别人的身上——所有的不适与挫折都是外界因素引起的，却没有反思自己的问题。在邮件内容中，他只是阐述了一种主观的结论，没有任何理智的分析。

在回复给他的邮件中，我问了他几个问题：

①你有没有问过自己，自己平时接触和交流的人多吗？是逃避交流，还是别人不与自己交流？

②你有没有定期地参加过一些社交活动？是否主动去结识和了解朋友？

③你有主动地向人们展示自己的善意和优点吗？

④你应该换位思考一下，你愿意主动接近一个自己不了解，而且性格内敛、拒绝交流的人吗？

通过思考和分析这四个问题，这位同学渐渐找到了问题的症结。也就是说，他应该先从界定自己的问题着手——答案不在别人那里，而在他自己身上。在界定问题时，要有客观分析的心态，不逃避责任，不情绪化地看待世界，才可能最终找到问题的答案。

要有解决问题的态度

在这个世界上没有什么解决不了的问题，只看你想不想去解决而已。我们对待过去的态度决定了对待未来的态度，反之也成立。在本章中，我们要发现并懂得使自己具备积极、求知、开放与实干的思维，以一种入世的上进心对待人生中的各种问题。

十几年前，当公司刚成立时，生意一团乱麻，前景一片灰暗。那时我不得不面对诸多问题，上到重大决策，下到团队的工作餐具体跟哪家餐馆合作，几乎所有的事务都要我处理。有时候遇到一些特别棘手的麻烦，脑子里跑出的第一个念头常常是："我不想管了，随便吧！"

但我渐渐发现，放任自流的消极态度带来的不是万事省心，而是事事缠身。越是这么想，麻烦解决起来就越困难。因为一旦缺乏积极面对的士气，人的内心就会对工作产生强烈的抵触情绪，体现在行动上就是不断地拖延，在思维上就是保守。后来，我开始强制自己第一时间面对问题，绝不让麻烦过夜，用最积极的心态与问题搏斗，渐渐地，这种情况才得以好转。因为在积极的状态中，心态越积极，思维的创造性就越强，许多好的想法与办法逐渐转化为可行的计划，问题就被一个接一个地解决掉了。

我经常问自己，什么才是问题？是工作组 A 与 B 之间的摩擦？是我们的理想与现实之间的怒目相视？如果是，那么问题存在的就很客观，因为工作中的矛盾与奋斗中的困惑是普遍存在的，这些问题不可能自己消失，需要我们逐一去解决。如果你放任不管，就可能为后续的生活带来更大的麻烦。

这是最关键的——解决问题的关键不只是能力的大小，还有对待问题的心态。端正心态，用积极的态度去解决，后续的麻烦就少；反之，任由负面信息和大大小小的问题蔓延下去，未来的麻烦将接连不断。

时刻保持对问题的敏锐

解决问题的关键环节就是及时行动，而非坐视不理。这要求我们对问题要有敏锐的发现力。有的问题是显而易见的；有的问题则隐藏至深，不容易发现，或者它只是给你一些微弱的信号，以考验人们的观察能力。

我们都知道，很多问题的形成都是从小到大逐步延伸，就像身体的疾病一样，越早发现并治疗它，痊愈得越快。问题如果不能及时地发现和解决，到最后就可能发展到无法挽回的地步了。

我们要学会这样一种思考方式——看到问题的第一时间不要立刻下结论，因为这极易导致片面的、情绪化的与主观倾向性的认知。人们平时习惯于由原因推出结果，但更多的时候，我们要学会由结果逆推出原因，打破之前思维逻辑与分析问题的惯性。这不是一个解决问题的工具，但能帮我们更客观地分析问题。如果逆向推理的过程是说不通的，无法由某个结果推出合理的动机，那么这个结果可能就是有问题的。

PART 5

反定式
用创新思维突破惯性

习惯支配着那些不善于思考的人。比起创新，他们更擅长运用成型的经验模仿和抄袭，对于新生事物总会第一时间跳出来否定——尽管他们的内心并不认为自己这么做是对的。人们在自我怀疑中坚守经验，在无法确定的纠结中拒绝创新。

用谁也没有想到的方式思考

认清经验的局限，再破局而出

布莱克在美国经营着一家中型的电子设备制造公司。由于这几年生产成本的不断提高，公司新推出的一款电子产品价格也居高不下，一直徘徊在2000美元左右，而同期上市的其他企业的同类产品，价格已经纷纷降至1500～1600美元，这令布莱克公司的产品销量变得越来越差，大有被挤出市场的危险。公司的营销部门使用了各种手段向市场解释他们的产品价格这么高是有道理的，但仍然收效甚微。

"消费者根本不关心你的成本有多高，他们只要质优价廉。如果我们再不想办法降低成本，那么，我们的公司将很快倒闭，人们不会同情一个不肯降价的销售商，他们只会无情地埋葬你。"布莱克在一次内部的产品会议上愤怒地说："我要求把成本降到

300美元！"

话一出口，整个会议室内一片唏嘘。大家纷纷表示"这不可能""根本办不到"，成本这么低，意味着材料和人工费用都要大幅度削减，不用等到被市场抛弃，公司自己就会先垮掉了。于是，这次会议变成了一次吵架大会，最后谁也没有拿出降低成本的方案。

后来，公司的生产管理部门来了一位新员工。工作没几天他就收到了上司的指令，两个小时便递交了自己关于降低成本的方案。

这位新员工不声不响就拿出一份方案，并立刻得到了大家的一致认可。为什么一群人吵了十几天的难题，他两个小时就解决了？

首先，我们看看产品原来的成本构成：

——模具占35%。

——电池和电路系统占10%。

——材料占30%。

——配件占25%。

——集成模块占10%。

在这个方案中，这位员工直接把模具的35%和电池电路系统的10%成本全部取消了，而是改用成型管材来替代。由于这两个模块的减少，其他零部件也相继被削减，引发连锁反应，材料的选择变得多样化，产品的构成大幅度变化。整个制造成本算下来，竟然降低了接近70%。最后，这款产品的制造成本只需要280美元。

当布莱克看到这份方案时，脸上的笑容就像看到了公司未来的光明前景。没多久，这名新员工就凭借出色的工作能力连跳三级，成为公司产品设计部门的骨干。他的成功之道，不是因为敢于表现自己的勇气，而是他独特的思考视角。在成本控制的讨论会议中，别人都在原定的框架中打转，一门心思地思考如何降低原有配件的成本，但他却想：为何要保留这些配件？为何不能换一种材料来代替？这种思考方式是谁也没想到的，因此他的方案大获成功。

巴尔扎克说："一切事物日趋完善，都是来自适当的改革。"如果不突破思维的局限，进行创新性改变，不管在新生时多么了不起的事物，也总会被更好的东西淘汰。

守旧习惯的支配

创新不能流于表面，如果仅仅停留在口头上，就永远做不到创新。现在有很多人每天高喊着"要创新""要突破"，但在具体的执行中，创新根本不被重视。他们在工作和生活中把"创新"二字写在墙上，挂在床头，或者揣进口袋，却从来没有真正想去实现。他们所依赖的始终是过去的经验，遵循的一直是守旧的习惯。

华兹华斯说："习惯支配着那些不善于思考的人。"比起创新，他们更擅长运用成型的经验模仿和抄袭，对于新生事物总会第一时间跳出来否定——尽管他们的内心并不认为自己这么做是对的。人们在自我怀疑中坚守经验，在无法确定的纠结中拒绝创新。

布莱克在长期的管理经验中发现：在一个团队中，总是存在着三种思维类型的人，他将其形容为：狮子型、树懒型和兔子型。

狮子型：有想法，喜欢创新，思维活跃。

树懒型：慵懒的保守派，反对一切大胆的想法，总喜欢在第一时间否定"狮子型"成员。"不行""不可能""没必要""简直荒唐""有这个必要吗？"这类词语是他们的口头禅。

兔子型：中间派，对一切想法通常持保留意见，如果支持狮子型，则创新有可能实现；若支持树懒型，那么很多创意就会被他们扼杀。

布莱克说："我们必须坚决地把'树懒型'的人从创新团队中踢出去，这种类型的成员留在队伍里是巨大的阻碍。等到创新被做成方案，这时可以再把他们请出来，他们喜欢对任何一种事物进行挑剔和否定式的审判，为了确保新方案的万无一失，我们这时刚好需要他们的反对意见。"

很多人在对待一些尖锐的策略问题时，并不如布莱克这样灵活，他们通常采取消极应对的方式，要么领导者实行独断权，一句话决定非要这么干，谁拦着都不行；要么就是干脆放弃这些想法，省得为了让人烦恼的辩论绞尽脑汁。

突破经验思考的惯性

我接触到的各行各业的人，在谈及创新的思考时，所有的人（树懒型）无一例外地会问我同一个问题："你做过我们这个行业吗？"言外之意："你没做过这个行业，就不要说三道四。"不得不说，从一定程度上，这是对外人专业的质疑和不信任，但在本质上却是对经验的依赖，同时也是一种盲目的自信。

我在交流的时候通常会注意观察他们的脸色。如果我的回答是肯定的，他们的脸上立刻会表现出极大的宽慰，似乎找到了行内的知音；但如果我摇摇头，就会看到有一丝刻意隐藏的失望浮现在他们的眉宇间，因为我不是他们的人。也有的人在听到否定的答案时，会立刻表达质疑："您没做过我们这一行啊？"这句话的潜台词是："那么我凭什么相信你，而不是相信自己公司的前辈？"

这便是经验思维的惯性表现：如果要我相信你，你必须用过去的经验证明给我看，否则我就不相信你。

生活中很多人都是如此，宁愿相信那些各式各样的过来人，因为他们觉得——做过了就有经验，有经验就会做得好。这种经验思维在女性购买化妆品的过程中表现得淋漓尽致。根据调查，绝大多数女性在购买化妆品的时候都会问柜员一个问题："这个产品你用过吗？"如果对方回答："我当然用过啊！而且一直在用。"购买者通过对其皮肤状况的观察，会迅速得出一条结论：她用过，而且她的皮肤那么好，这个产品一定很好；反之，如果购买者得到的答案是没有用过，即使对方再卖力地推荐，购买者也很难下定决心购买这款产品。

对方有没有用过这个产品，真的能为我们提供有力的判断依据吗？答案当然是否定的。化妆品的使用效果因人而异，不是说你用得好，所以我用了也一定有好的效果，毕竟每个人的皮肤状况是有差异的。他人的使用经验只能提供一定的参考，并不能被当作决定性的依据来帮助自己判断。

那么，经验到底重不重要？要回答这个问题，我们首先要明白经验到底是什么。

从出生到长大，人会经历、听说和见闻很多事情，这个过程中大脑会建立一个经验库。在经验库里有很多经验，有些是自己经历的，这只是很小的一部分，被称作直接经验；还有很大的一部分是听来的，或看着别人经历而得出的结论，这些被称作间接经验。有了这个经验库，我们在处理事情的时候可以不费吹灰之力从中拿出一些可用的，迅速地做出判断和决策。经过反复练习，有些反应变成了本能，不再进行思考便可以直接采取行动。就像吃苹果一样，你第一次吃苹果，见到别人用水果刀削了皮，之后你就学会了削皮吃苹果，这时不需要你自己再去研究面前的苹果究竟该怎么吃。时间久了以后，你看见任何苹果都会想着削皮，哪怕未来的苹果经过改进，苹果皮干净又富有营养，你也会倾向于把它削掉。再比如，医生为病人做手术时，医院不可能让一个从没一线临床经验的新人来做主刀，有经验的老医生格外受欢迎。即便某个新人的实际动手能力非常强，比院内的老医生更有把握救活病人，他们对某台手术的成功率的对比是90%对80%，医院的第一选择仍然是数据较低的老医生。

当你认真地思考这个问题时就会发现，在很多领域，经验并不那么有效。因为环境改变后，经验可能不再适用；随着时间的推移，经验甚至成为一种劣势。试想一下，一个在训练场上身经百战的士兵一定会成为战斗英雄吗？未必，因为战场可以模拟，但不能复制。训练经验和实战经验并不能等同。还有些领域和工作，富有经验的人反而是不适合的，比如艺术创造，它最需要的是人的天马行空的想象力。一个有30年经验的老画家，很可能会输给一个只有2年画龄的新人。相对于前辈，这位新人的艺术创造力可能更强。

因此，如果你盲目地相信一家公司或一个人的经验保证：我们成功为上百家的世界五百强企业做过企划，你的公司当然不在话下；我们把一家市值几百万的小公司做到几个亿，你的企业同样能做成功。或者，相同的工作我已经做了成百上千次，这次同样不例外，我一定做得更成功。这种对经验的炫耀听起来多么令人信服，但如果你信以为真，可能会吃大亏。

这种表述在逻辑上存在着明显的问题。经验的作用是让你少走弯路，但绝对不会给你修建一条新路。过分依赖经验，往往会走进死胡同。所以一个人若想实现自己突破性的成长与发展，就要放弃经验主义，要真正地运用创新思维的力量，冲破惯性的束缚，这样才会有更好的出路。

20世纪30年代的经济大萧条几乎使所有的公司破产，IBM也不例外，它的股票一度出现了灾难性的暴跌。这时，其他公司都在通过大量裁员来维持更低成本的运转，这是由历史经验决定的。但作为创始人的托马斯·沃森却在做一件恰好相反的事。他坚信，要渡过这场危机，最好的办法不是缩减生产，而是扩大生产，所以他开始大量地雇用新的职员。

在当时的情况下，托马斯·沃森的行为几近疯狂，没有人明白他到底想做什么，甚至有人觉得他是个傻瓜。但沃森并不想理会别人的看法，他的想法在5年后有了成效——IBM的生产能力足以承担美国联邦社会保障厅的大规模订单，而那些在大萧条中不断缩减甚至停产的企业，已经被自主地淘汰出局。托马斯·沃森的创新性智慧令IBM的规模扩大了两倍，从此远远地走在了计算机行业的前列。

经验丰富一定是好事吗？

在思维领域，经验既是宝贵的财富，同时也是一个可怕的武器。你运用了越多的经验，就越可能被误导。作为一种武器，经验既可以杀死问题，也可以伤到自己。正如歌德所说，不了解的东西总是可以了解的，否则他就不会再去思考。就像前面我们讲到的例子，一个先后看到过100只白天鹅的人，他因此得出结论：天鹅是白色的；但当他看到一只黑天鹅的时候，他会重新修正以往的经验——原来天鹅也有黑色的，并不是所有的天鹅都是白色。

公司的一位同事曾经与我探讨子女教育的问题。他认为，父母教给孩子的经验越少越好。因为父母的经验会影响孩子的思维，会把自己一些不正确的想法和做法教给孩子，并形成孩子的思维惯性。如果执意这么做，将是极大的错误。很多时候父母可能不会意识到，正是这些看似正确的经验导致了自己人生的平庸，假如将这些经验再传授给孩子，结果可想而知，孩子因循这些经验，将和父母一样在同类的问题上重复犯错。

我有一位在银行做高管的朋友曾经讲述了这样一个故事：他们银行新招了一批实习生，其中有一位专业能力很强，工作表现也很好。他可能是这批实习生中最有希望留下来的一个，但是一件小事情的发生，却让朋友对他的好印象完全破灭。

有一次接待客人，朋友让这个实习生去临时负责一下。他的言行举止十分得体，一切本来都很顺利，客户也很高兴，但这个实习生把客户送走之后，忽然把桌子上放着的两包烟揣进了自己兜里。这一幕刚好被朋友看到，他觉得这个人如此贪图小便宜，对银行工作来说，是万万不可使用的人才。

他立刻将这个人叫到办公室。实习生一脸悔意地解释说，他自己并不抽烟，只是他家境贫寒，自己的父亲从没抽过这么好的烟，想拿回去孝敬自己的父亲。因为小时候，自己的父亲就经常从亲戚朋友家拿一些糖果给自己，他觉得这种爱是很伟大的，这种思维也很正常。

这名实习生的思维就受到了父亲很大的影响，他在工作中表现出来的其实不是道德问题，而是基于一种下意识的思维惯性。由于长期的耳濡目染，他的潜意识认为这是正常的。在我们的生活中，一些行为习惯通常是某种根深蒂固的东西，但你自己可能并未意识到，甚至觉得这只是一件小事。可在别人看来，那就是大问题。比如这位实习生，他觉得拿两包招待客人的烟无伤大雅，但在领导的眼里，基于对公司利益的考虑，这是不能容忍的。

这则故事清楚地告诉我们：不跳出经验思维的局限，就会在过去的经验中溺毙。

对于如何跳出这种根深蒂固的思维局限，我们暂时还无法拿出永久性的策略——与自身思维惯性的对抗就像左右手的互搏——但有一点是可以肯定的，要向那些拥有优秀的反惯性思考能力的人看齐，看看他们是怎么做的，再有意识地纠正自己的行为。

这就要求你要多与那些比自己优秀的人待在一起，总结他们的好习惯和值得学习的为人处世的方法，看他们遇到事情是怎么处理、怎么思考以及怎么行动的。将他们的处世方式与自己作对比，然后就会发现自己的不足。

每个人都有自己独一无二的能力，所以有些潜在的特质是学不来的，但是我们不需要一一掌握那些自己无法学会的本领，能够做到判断对错就足够了。就像那一位银行的实习生，如果他能够独立地判断出父亲给自己带糖果的行为并不仅是单纯的父爱，其中还包含着一些错误的思考方式，他就不会在20多年的成长过程中始终肯定这种行为，直至毁掉了一次获得好工作的机会。

简单化思考
任何复杂的事物都有最简单的路径

我曾到斯坦福大学给一些即将毕业回国的留学生讲课，年轻人总有伟大的梦想，但如何实现梦想？或者说，在实现梦想的过程中，如何解决那些实实在在的具体问题？学到的知识如何运用？这就涉及了一个简单还是复杂的话题。

课堂上，我讲了一个故事：

有一家酒店经营得很好，多年来一直人气旺盛、财源广进。酒店的老总准备开展另外一项业务，由于没有太多的精力管理这家酒店，他打算在现有的三个部门经理中物色一位总经理，让新人来替自己管理。

老总问第一位经理："是先有鸡还是先有蛋？"第一位经理不假思索地说道："当然是先有鸡。"老总接着问第二位经理：

"是先有鸡还是先有蛋？"第二位经理胸有成竹地回答道："当然是先有蛋。"老总又问最后一位部门经理："你来说一说，是先有鸡还是先有蛋？"第三位经理笑了笑回答说："客人先点鸡，就先有鸡；客人先点蛋，就先有蛋。"

最后，老总决定把第三位部门经理提升为这家酒店的下一任总经理。

故事可能不是真实的，但它反映的是一个思考问题的务实渠道。知识再多，也要接地气。思考不是哲学的工具，而是解决实际问题的武器。所以，在通往高效能人生的道路上，我始终强调的一个基础原则就是化繁为简——任何复杂的事物，只要经过科学的梳理、洞见的思考，总能找到一个最简单的分析和处理方法。正如奥卡姆剃刀定律所强调的——剔掉一切无用的环节、组织和结构，与那些喋喋不休的形而上的辩论划清界限。

喜欢将事情想得很复杂的人，就是在为思考筑墙，把创造力与解决问题的简洁力全部困在了墙内。他们喜欢"用牛刀宰杀小鸡"，更喜欢"拿高射炮打蚊子"，所有的事情到他们那里都会变得烦琐异常，小事也会变成大事，思考与行动的效率都是非常低的。

有一位老先生要在客厅里挂一幅风景画，邻居刚好路过。老先生已经将画扶在墙上，正准备钉钉子。这时邻居说："这样不好，最好钉两个木块，把画挂在上面。"老先生觉得邻居说得有道理，就让他帮着去找木块。木块很快找来了，正要往墙上钉，邻居又说："等一等，木块有点儿大，最好能锯掉点儿。"于是，这位热情的邻居又急匆匆地四处去找锯子。但找来的锯子还没用上几下，他又说："不行，这锯子实在太钝了，得磨一磨。"刚好，他家有一把锉刀，当锉刀拿来后，他又发现锉刀没有把柄。为了给锉刀安把柄，他又去树丛中寻找小树。正要砍下小树，他发现老先生手中的那把生满铁锈的斧头实在是不能用，他又找来磨刀石。可为了固定住磨刀石，必须得制作几根固定磨刀石的木条，为此，他又到郊外去找木匠，说木匠家有一个现成的。然而，这一走，就再也没见他回来。那幅画最后还是由老先生一边一个钉子钉在了墙上。下午再见到邻居的时候是在街上，他正在帮木匠从五金商店里往外抬一台笨重的电锯。

看完这个故事你可能会心一笑，觉得这位邻居的所作所为实在有些讽刺，可事实上，我们在处理一些问题的时候，经常会犯和这位邻居一样的错误：人为地把问题复杂化。把原本简单的问题想得太复杂，将复杂的问题搞得无法下手。表面上看起来这是一种对事物高度重视的态度，其实却恰巧是走向失败的开始。重视的态度不一定能解决问题，寻找最便捷的方法才是解决问题的有效途径。

如果你觉得一件事情是比较困难的，那么在着手处理的时候就会有意地采用一种艰难的方法思考和开始——这便是一个不好的开端。就像钉钉子，复杂的方法带来新问题，新问题又让事情更复杂。照这个节奏弄下去，事情会越搞越复杂，越搞越糟糕，最后的结果一定是——你不得不放弃。

简化思考，提升效率

没有任何一件事情是复杂的。请相信我，当你明白一件事情的结果时总能发现这一点。之所以在开始时觉得复杂，是因为你在头脑中想得复杂，从主观上屏蔽了一直待在眼前等着你发现的简单之道。毫无疑问，复杂是效率的杀手，而简化思考才是真正的出路。

在《断舍离工作术》一书中，鸟原隆志写道：

坐在我前面的女生在看一本书，我和同桌都想看。她看完之后把书往后一扬，问："你们谁要看？"我连忙答道："我要看！"而我那个同桌已经伸手把那本书拿走了。她笑着对我说："你的回答很迅速。"

　　这下，我算是深刻体会到了什么叫"先下手为强"。

　　正如鸟原隆志在这本书中所写到的场景一样，许多人在工作中也非常努力，但就是吃力不讨好。你可能会问：

　　"是想得不够全面吗？"

　　"还是做得不够好？"

　　其实都不是，很多人反而可能在很短的时间内想到很多东西，他们做得也不比别人差，但最后就是得不到自己想要的结果，或者总是大失所望。为什么？究其原因，并不是他们行为上的过错，而是他们的思维方式出了问题——因为想得太多了并不是一件好事。

　　有一位法国的教育学者在对比中、法两国的创新时说："在法国，如果我们提出创新，这个问题十有八九会在不同的场合以不同的方式讨论上好多年，无数的专家、学者会反复地论证创新的成本、创新带来的影响、创新与社会经济的关系，以及创新与政治、社会科学、心理学等，让你不胜其烦。等到做出最后的正式决定时，创新甚至已经过时了。但在中国，如果有人说我们要创新，你会发现，一夜之间整个社会都在宣扬创新，每个人都走在创新的路上，每件事情做出的决定都非常快，因为创新就是一

　　卡洛斯是我的一位工作伙伴，他在洛杉矶各地演讲时总会被问到如何快速成功的问题。在回答这样的问题时，他很喜欢讲一个故事：

　　　　一位年轻人在汽修店当学徒。一天，有人送来一部毛病不大但却脏兮兮的摩托车，其他学徒都嫌没有技术含量不愿意修理，所以就交给了这位年轻人。年轻人认真地检查了车子并将其修好，之后又把这辆摩托车擦得干干净净。其他学徒都笑他傻。在车主将摩托车领回去后没几天，这位年轻人忽然接到了一个电话，是那位车主的助理打来的。原来，这位车主是某公司的老总，他有意邀请年轻人到他的公司去上班。就这样，这位年轻人获得了一次改变命运的机会。

　　这是运气问题吗？不，这是思维问题。毫无疑问，人人都想改变命运，没人愿意当一辈子修车工，他们都在思考如何改变命运，也许在考虑有什么捷径。但当他们刻意寻找捷径时，捷径并不存在；只有在保持单一的目标并认真地完成每一个工作任务时，捷径自然而然就出现了。这个年轻人只是用一种敬业的态度把别人不想干的工作做好，然后他就获得了更好的机会。

　　简单地做事，认真地做好，距离成功就会越来越近。事情就是这么简单。

思考的"刺猬哲学"

有一个古希腊寓言，讲的是狐狸和刺猬的故事。狐狸是一种尽人皆知的狡猾动物，他的脑子里歪门邪道很多，经常设计一些复杂的路数攻击刺猬。刺猬则很单纯，生活简单，他每天只想着自己的事情，从未想过招惹狐狸。尽管狐狸想方设法地欺负刺猬，但每次的结果都是一样的：刺猬在发现危险时，立刻缩成一个球，这样他身体的四周都是刺。狐狸最后总是满身伤痕地落败回家，只能一边养伤，一边策划新一轮的攻击。

管理学家以赛亚·伯林从这个故事中得到了灵感，他把人划分成两个种类：狐狸和刺猬。他认为，刺猬之所以总能赢得胜利，是因为他把复杂的世界简化成单个有组织性的观点。就是说，不管遇到什么样的挑战，刺猬总是可以秉持自己的刺猬理念——缩成一个球，全身都是武器。就算局面再复杂，他也能找到行动的核心；而狐狸恰好相反，他的世界很复杂，他的花招很多，意味着他的目标很分散，而思维也是凌乱和扩散的，所以狐狸不容易成功。

普林斯顿大学教授马文·布莱斯勒也针对刺猬的威力做出了评价："想知道是什么把那些产生重大影响的人和其他那些跟他

们同样聪明的人区别开来吗？是刺猬。"因为只有目标简化且清晰，人们才能专心致志地一往无前。

"刺猬哲学"在很多知名的大企业中都得到了体现，他们利用刺猬对待狐狸的理念，建立了属于自己公司的成功哲学。

例如，起家于芝加哥的一个家庭小作坊，而今成为美国连锁药店之王的沃尔格林（Walgreens）公司，一直被当成管理学的成功典范，其备受推崇的只做一件大事的理念，其实就是经典的刺猬风格。只做一件大事就是简单思考，把一条简单路径做到极致。

卡洛斯曾在一次商业峰会上遇到过沃尔格林的前任CEO科克·沃尔格林。在走出峰会会场的大门时，沃尔格林瞬间被一群记者团团围住，想要采访他的都是一些知名经济杂志、电视节目和论坛的记者，他们已经听惯了冠冕堂皇的漂亮话，只想让沃尔格林说一些切入要害的观点，最好能让他们捕捉到一丝引起轩然大波的八卦。

"沃尔格林先生，请您分享一下贵公司取得这样骄人业绩的原因好吗？"

"贵公司成功的背后有什么不能公布于世的秘诀吗？"

"政治背后的推动因素有多大？"

沃尔格林本想一脸微笑地离开会场，但簇拥的话筒和狮群般的记者根本不想就此放过他，最后他几乎是以一种被逼急了的口吻嚷嚷："听着，根本没有什么阴谋，你们的大脑实在是太复杂了！沃尔格林之所以成为美国最好、最便利的药店，只有一个简单的理念——可观的单位顾客光顾利润，这就是我们能打败其他巨头公司的秘密所在！"

沃尔格林所说的秘密，其实就是更换药店的地址，把所有不够便利的药店统统换到顾客可以一眼看到的地方，最佳的地点就是通往四面八方道路的拐角，这样顾客可以随便从一个方向拐进来，从而光顾他们的药店。

对于这一理论的执行，沃尔格林贯彻得非常彻底。有一些利润非常可观的沃尔格林药店，就因为拐角的位置选择得不够好，只能辐射到半个街区的位置，沃尔格林也会毫不犹豫地关闭那个药店，重新在别的拐角建设一个新药店，即使这需要付出高昂的租赁费。

沃尔格林的宗旨是，让顾客走出家门就能看到沃尔格林药店，而不是穿过好几个街区才能买到几颗药片。为此，他们把成百上千的药店密集地聚到一起，药店连着药店，街区连着街区，就像城市的地下通道一样。你可以想象，沃尔格林其实就是一只武装起来的刺猬，不管哪个方向，都有自己的攻击力。

"旧金山的沃尔格林药店简直比星巴克还要密集，我曾在1英里内看到不下9个药店，沃尔格林药店简直比公共厕所还要齐全、到位。就像你站在街上随便一招手，就是一辆挂着沃尔格林公司牌照的出租车。"史密斯打趣道。

沃尔格林的成功向我们昭示了一个非常简单、清晰的道理：保持单纯路径，简化复杂的思考。越是单一的目标，核心越明显，也更容易集中优势资源。

世上万事万物常以复杂的面目呈现自己的形态，但本质上却是极为简单的，有时我们想破天也没有头绪，但当最终看到朴素的解决方法时，往往会惊呼：

"竟然这么简单?！"

"这样就可以了?！"

是的，就是这样的！简化的思维会帮我们摆脱复杂，你想得越多，就越容易陷入思考的困境。

避免粗暴的简化

《爱迪生传》中记载了一个故事：

有一次，爱迪生让助手帮助自己测量一个梨形灯泡的容积。事情看上去很简单，但由于灯泡不是规则的圆形，而是梨形，因此计算起来就不那么容易了。助手接过后，立即开始了工作，他一会儿拿标尺测量，一会儿又运用一些复杂的数学公式计算。可几个小时过去了，他忙得满头大汗还是没有计算出来。当爱迪生看到助手面前的一摞稿纸和工具书时，立即明白了是怎么回事。爱迪生拿起灯泡，朝里面倒满水，递给助手说："你去把灯泡里的水倒入量杯，就会得出我们所需要的答案。"助手这才恍然大悟。

简化思维会让我们的行动变得更高效，但简化不是"粗暴的删除"。生活中，我们也时常会陷入可怕的粗暴简化中，即不加辩证地教条式地简化思考，不是追求解决问题，而是直接放弃解决。看似简单，实则要付出更大的代价。

刚从大学毕业的菲菲独自一人来到北京打拼，成为北漂一族。这几天她刚找到房子，东西都搬好之后，她给父母打了一个电话报平安。电话那头的父母对房子的情况进行了一番详细的询问，在得知卫生间没有排气扇之后，立刻劝说菲菲从这栋房子搬出去，并给菲菲讲了一大堆道理。总之，他们告诉女儿："没有排气扇的房子不能租。"但是合同已经签订了，哪能说搬走就搬走呢？更何况在北京租房不是一件容易的事，菲菲能在这个地段租到价格便宜的房子实属不易。

她的父母的思维逻辑其实就犯了粗暴简化的陷阱。他们一直生活在中小城市，并不知道在大城市生存的艰辛。比如租房子这件事，在北京是需求大于供给，典型的卖方市场；但在她的父母那里，情况可能恰好相反，是供大于需，房客不仅可以挑房子，还可以挑房东，所以他们在解决租房的问题上习惯于本地的解决方式：好房子很多，这个不行就换一个。在他们看来，换房子是很容易的。但对于菲菲来说，这种解决方式却并不容易执行，会让自己付出额外的时间和金钱成本，而且显得太过粗暴了。

其实，处理这件事情是很简单的，菲菲只需要去联络房东，让对方帮她装上排气扇就可以解决了。

简单化不等于寻找单一和标准答案。解决问题不像做数学题，没有单一的标准的答案，应该结合实际情况，因地制宜地寻找最省力的解决办法。

粗暴简化会让问题变得更复杂。我们在寻求解决方案的过程中可以简化思维，但要适情适境，不能粗暴地用一样的方法去对待。粗暴的简化只会让事情变得更加复杂，甚至难以收拾，增加无谓的成本。

创造性思考
高效的思考可以无中生有

人类文明从降生在地球上开始，从未停止过创造与思考，从钻木取火到如今的智能化时代，思考与创新始终贯穿于人类历史发展的全过程，任何一个小小的思考都参与了推动人类文明进步的进程。

比如条形码的发明。大部分人只记住了发明者诺曼·伍德兰德（Norman Woodland），但其之所以能够诞生，最初源于一位超市高管对于收银台的工作要求——他迫切想要一款能够高效地解决超市收银台信息检索的产品，以此将员工从繁杂的分类、检索和识别中解放出来。沃尔玛是世界上第一家使用条形码技术的超市，1980年的试用结果证明，这一技术使收银员的效率至少提高了一半。

可见，任何新事物的产生都源于人类对高效的思考。人们如果不去思考高效，那么高效就永远不会产生，思维的创造性也无从谈起。

很大程度上，创造性思维都与新事物的发明创造有着因果联系。因此，区别于其他思维模式的是：创造性思维是一种更高级的思维活动。历史上无数著名的人物都拥有卓越的创造性思维。可以说，这是一个人出类拔萃的基本素质。创造性思维不仅要求人们客观地认识事物的本质，更重要的是在此基础上产生新的认知——一种前所未有的思维成果。通过为自己训练和灌输创造性的思维方式，可以战胜惯性思维带来的缺陷，实现高效而富有创造力的反惯性思考。

跳跃式的创造

有这样一个故事：

在很久以前的某个国家，有两个非常杰出的木匠，他们的技艺难分高下。国王突发奇想，要求他们在三天内雕刻出一只老鼠，谁的作品更逼真，就重奖谁，并且宣布他是技术最好的木匠。国王希望可以在这两个人中找出最优秀的一个。

三天以后，两个木匠都准时交上了自己的作品，国王把大臣召集到一起进行评选。

第一位木匠刻的老鼠栩栩如生，连胡须都很轻盈，形象动人，十分可爱；第二位木匠刻的老鼠却只有老鼠的神态，其他地方都十分粗糙，远远没有第一位木匠雕刻得精细。大家一致认为是第一位木匠的作品获得了胜利。

但是第二位木匠表示有异议。他说："猫对老鼠是最有感觉的，要决定谁的作品更像老鼠，应该由猫来决定，而不是人。"国王一想确实有道理，就叫人带几只猫上来。没想到，不管哪只猫见到了这两只雕刻的老鼠，都会不约而同地向那只看起来并不像老鼠的"老鼠"扑过去，却对旁边的那只栩栩如生的"老鼠"视而不见。

人们非常吃惊，但事实胜于雄辩，国王只好宣布第二位木匠获得了胜利。国王很纳闷，就问这位拿到冠军的木匠："你是如何让猫以为你刻的就是一只真老鼠的呢？"

"原因很简单，我只不过是用混有鱼骨头的材料来雕刻老鼠，猫在乎的不是像与不像老鼠，而是有没有腥味。"

这就是跳跃式的创造，它不仅远远强于一般的常识思维，而且也强于一般的创造性思维。在创造的基础上，它跳过了两层思维的惯性——第一层是形象的障碍：绕过了像不像老鼠的思维；第二层是辩证的障碍：考虑到了猫的需求，而不是裁判的标准。

要使自己具备跳跃式的创造思维，我们需要加强自己的后天培养与训练。幽默大师卓别林说："和拉提琴或弹钢琴相似，思考也是需要每天练习的。"我们要练习跳过多层障碍，从不同的领域对自己的思维进行解锁，同时培养自己的想象力。你需要让自己具有天马行空的想象力。

想象力是创造性思维的前提

根据心理学家的研究，在人的大脑中有四个分区，他们分管着大脑不同的功能：

感受区：从外部世界接收感觉。

贮存区：将接收到的感觉收集、整理。

判断区：评价收到的新信息。

想象区：按新的方式将旧信息与新信息结合起来。

如果我们只是简单地接收信息，通过贮存区和判断区得出结论，却将想象区闲置，显而易见，我们多数时候是缺乏创新力的。我们习惯于采用旧的信息，按照旧的逻辑、经验和惯例进行思考和判断，对于未知的区域、知识和可能性不感兴趣。

心理学家埃文斯说："绝大多数人只开发使用了想象区的

15%，其余部分则处于睡眠状态。要让这片土地苏醒过来，必须从幻想入手。"

现实中，幻想并不难获得，每个人都有天马行空的想法，有着奇异的梦想，但真正能用综合的分析和想象力将其变成可行的方案——这样的人却少之又少。在思考的过程中，大多数人视这些突破常规的想象力为无用的东西，或自主的或在他人的看法中轻易地放弃想象。因此，发明家才是这个世界上的罕见物种，因为愿意为了开发无尽的想象力付出努力和行动的人是百年难遇的。

爱因斯坦说："人的想象力比知识更重要，因为知识总是有限的，想象力却概括着世界的一切，推动着未来的进步，并且是知识进化的源泉。"比如，狭义相对论并非出于知识的累积，而是起源于他儿时的一个幻想。爱因斯坦在幼时就对光线充满了幻想。他每日都跟随着光线消失的方向奔跑，希望自己能追上光的速度。知识的积累在他幻想的过程中起到了助力的作用，为他的想象力插上了科学的翅膀，促使他成为人类文明史上最伟大的物理学家之一。

如果你热爱幻想，请将其视为宝贵的财富，因为幻想是开发大脑中创造力宝库的前提。如果善加利用，也许今天想象出的东西，明天就会变成一种可以进行创造的构思。也就是说，成功的构思总是有赖于明晰、富有创造的想象。

培养发散性思维

一道数学题摆在面前，仅拿出一种解法，是惯性思维；拿出一百种解法，就是发散思维。如果一个问题有多种可能性，就不要轻易地下结论。否则，你可能错过这个问题最精彩的部分。这就是我们要培养发散性思维的原因。

作为诺贝尔物理学奖的获得者，美国科学家格拉肖说："一个人涉猎多方面的学问可以开阔他的思路……对世界或人类社会的事物形象掌握得越多，越有助于我们的抽象思维的成长。"

给你一张纸，你能想出多少种应用？我们至少可以给出下面的答案：写字、画画、印刷、叠飞机、剪窗花、糊窗户、当厕纸、当扇子，等等。因此，培养发散性思维没有捷径，你必须多接触不同领域的知识，刺激和训练思维的想象力。除了天赋，要提升思维能力，最重要的就是练习——它比天赋更重要。

发展你的直觉

直觉一般被当作没有依据的思维方法，因为直觉听起来像是瞬时的大脑反应，很少会有后续的发展或深入的思考。人们觉得它不像其他思维方式那样具有步骤性的严密的推演过程，所以直觉常常被当作毫无意义的非理性的感觉。

不过，许多心理学家都认为：直觉对理性思考并非无用，它代表了思维中最活跃和最具有爆发力的功能。一个拥有强大创造力的人，他首先一定会有优秀的、敏锐的创新直觉。他对某种事物具有洞见未来的预判，可以先导性地发现将来一段时期内的某些现象或规律。这种直观的思维能力在创造发明的过程中非常重要。

比如，物理学中的阿基米德定律就源于阿基米德跳入洗澡桶的那一瞬间的直觉。阿基米德发现了一个奇妙的现象："洗澡桶边缘溢出的水的体积，跟他的身体入水部分的体积一样大！"试想一下，如果没有那种天然的直觉思维，阿基米德只是和普通人一样跳进洗澡桶便舒舒服服地洗澡，又怎么会发现这个重要的定律呢？

还有很多伟大的发现都是从直觉开始的，直觉超越了惯性和常识，让人找到了创造的突破口。比如植物生长素的发现，尽管达尔文在世时并没有研究出这种物质，但他那时已经发现了植物幼苗的顶端喜欢向太阳照射的方向弯曲。这是一个普遍但被人们忽视的现象。他马上意识到，植物幼苗的顶端一定含有某种物质，正是它导致了这种有规律的现象的产生。他的这个想法在1933年才被人证实，这种物质正是植物生长素。

直觉应该被当作一种创造性思维，而不是被当成古怪的想法。在很多时候，直觉的表现形式过于大胆，有时又像某种应激反应，以至于人们常常对它报以嘲笑和轻蔑的态度。

比如我和一位投行的经理聊天，我问他："你相信直觉吗？"他不屑地说："从不相信，投资需要绝对的理性，最有说服力的永远是数据。"我又问："那么，数据一定会告诉你2008年会爆发金融危机？"他这时摇头说："显然没有，我们都赔钱了。"排斥直觉的这些经理人大多数都没有逃过金融危机的折磨，但一些有敏感预见力的人却早早采取行动，在危机爆发前退出了市场。他们做出这个判断时并没有多么充足的数据支持，只是因为脑海中的一个声音："我感觉不对劲，这个市场太热了，未来可能有危险。"这就是直觉，他既基于数据、经验和传统的判断，同时又超越了这些中规中矩的数字，调动了大脑对未来的充分想象力。

那么，既然直觉能在重大时刻发挥作用，为什么不开启自身的直觉思考，在某些时刻尊重一下它的判断？如果解决问题的过程中，你在经验之外发现了第二种解决方案，不要让其留在心中或把它抹掉，完全可以大胆地说出来。因为这正是你思维最活跃的时期。顺着这个思路，你可能会有更多的新奇的想法和点子。你要学会捕捉这种灵感，慢慢地形成新的习惯，从而发展和强化自己的直觉思维。

强化思维的流畅性

"你的思维具有流畅性吗？"

要回答这个问题，你可以先问问自己：对于外界突如其来的刺激，我是否能够流畅地做出反应？我是那种可以随机应变的人吗？

美国心理学家曾经采用一种"暴风雨式联想法"来训练大学生们思维的流畅性，即像暴风骤雨一样迅速地抛出一些问题，学生们要迅速给出答案，不能有任何的迟疑。评价会在训练结束后进行，学生的反应速度越快，说明他的思维越流畅；回答的内容越多越丰富，则表明他的思维流畅性越高。

这一训练方法的科学性就在于它对人的自由联想能力和反应速度的考验。经过一番训练后，学生们的思维能力明显得到了提高。这正是我希望你采取的训练方式，它可以大幅度地提高你的思维反应速度以及创新式思考能力。

求知，才能"无中生有"

有位古希腊先哲说：人类之所以孜孜不倦地探索世界，是因为对自然界和人类自身存在着源源不断的好奇。换句话说，人类的求知欲产生于需求，如果精神上没有需求，我们就不会自主和积极地去认知世界。因此，想要获得足够的创造性，我们就要从培养自身的求知欲开始。

比如，你可以为自己设置一些不容易回答的难题。这是激发求知欲的简单易行的好办法。当你对某个事物或者问题产生足够的好奇时，才会在情感上激起强烈的兴趣，接下来有力的探索行为才会产生。

所以，培养求知欲应该是一种有意识的需要长期坚持的行为。如果不这样做，很多创造性的思维能力和探索精神都会慢慢地萎缩下去。正如一个处于求学阶段的学生，只有始终处于跃跃欲试的心理状态，他才能主动学习，即跳出惯性的被迫式学习状态，将学习转化为兴趣，将求知视为自己的人生需求，爱上学习和思考。

必要时，让头脑拐个弯
换一个角度看问题，答案其实就在眼前

很多问题并非找不到答案，而是需要我们从椅子上站起来，将椅子换一个角度，同时自己也换一个方向重新审视问题。一旦能对事物开启多角度研究，头脑中的创新性思维就会开始自动运转。从美国金门大桥变道的创意中，我们可以得到一些启迪。

1937年金门大桥建成后，堵车情况非但没有像预想中那样得到改善，反而堵得更加厉害了。管理部门为此花数千万美元向社会广泛征集解决方案，人们热烈响应，结果，中奖的方案却是出人意料的简单：把大桥中间的隔离护栏变成活动的——根据上下班的人流去向，规定上午向左移一条车道，下午向右移一条车道。车流堵塞问题迎刃而解。

"树挪死，人挪活"，已经建成的大桥显然不能再移动，也无法根据人流量的需求重新加宽，更不能拆掉重建。但是换一个角度思考一下：除了大桥主体以外，有哪些部分是可以活动的？显然，人是活的，只要把固定的车道变成活动的车道，人流随着车道的变化移动，拥堵的问题自然轻松解决。

换个角度，换个机会

这就是让头脑拐一个弯的好处。过去的老办法未必能解决新问题，很多时候，总站在一个角度想问题，总是用以前的思维固执地纠结在墙壁前，便容易陷入死胡同。即使机会摆在面前，那些脑袋不会转弯的人也很难抓住。

1974年，美国的自由女神像除旧翻新，清除下来的垃圾堆积如山，以至于政府需要公开招标清理这些堆积成山的垃圾。纽约州对垃圾的处理规定十分严厉，弄不好不仅不能挣钱，还可能招致环保部门的投诉，许多运输公司都望而却步。当时正在法国旅行的麦考尔闻讯当即赶赴纽约，看过自由女神像下面堆积如山的废铜烂铁后，他立马签字，将这个项目揽了下来。

他的办法是，让工人把废铜熔化，铸成小自由女神像；

把水泥块和木头加工成底座；把废铅、废铝做成纽约广场的钥匙。最后，他甚至把从自由女神像身上扫下来的灰尘都包装起来，出售给花店。因为这是"自由的一部分"。麦考尔让这堆垃圾变成了现金350万美元，硬是把每磅铜的价格整整翻了一万倍——实现了28年前他的父亲为他设定的目标。

同样面对一堆垃圾，有的人看到的是数不清的问题和麻烦——既然是垃圾，当然不好处理；但有的人看到的却是巨大的商机——垃圾也要看来自哪里，有什么可加工的元素。这种认识便来源于思维的转换。不得不说，要突破思维的惯性并不容易，这与我们儿时所受的教育有着莫大的关系，正如麦考尔的思考方式一定离不开父亲的启迪。

所以，创造性思考的习惯是需要长时间培养的，越早培养和训练，就能越早受益。

麦考尔的父亲曾在休斯敦做铜器生意。有一天，父亲问他："一磅铜的价格是多少？"麦考尔自信地说："35美分。"父亲说："对，整个德州都知道每磅铜的价格是35美分。但是，作为犹太人的儿子应该说3.5美元。你试着把一磅铜做成门的把手看看？"

如果单纯从铜的市场价来看，麦考尔的回答是完全正确的，铜价一直在35美分上下浮动，收破烂的都知道这个道理。但是当铜被做成门把手以后，铜就不再是铜了，而是被赋予了新价值的门把手，价格立刻翻了10倍。

一件事物的价值有多高并不由其本身的价值决定，而是由它的附加值所决定。黄金未被做成饰品之前只是一种贵金属，但经过高明的设计师的加工和商人的包装炒作，黄金被做成各种精美的首饰，被赋予了高贵、财富的寓意，价值就完全不同了，因为它有了昂贵的使用意义。

就像美国旅馆业巨头康拉德·希尔顿（Conrad N. Hilton）说的："一块价值5美元的生铁，铸成马蹄铁后价值10.5美元，倘若制成工业上的磁针之类就值3000多美元，而制成手表发条，其价值就是25万美元之多了。"

换个思维，换个卖点

通过转变思维而获得商机，并且一举取得成功的例子数不胜数，有的人甚至起点很低。但他们善于突破思维的局限，改变思考方式，从而逆转了自己所面临的局势。

沈阳有一个破烂大王王洪怀，他的人生梦想非常实在，就是发大财。但以他目前的情况来看，收一个易拉罐才赚几分钱，就算收上十辈子，也不可能变成富翁。有一天，他忽然想到如果把易拉罐熔化成金属，也许就能挣大钱。抱着试试看的心态，他把一只易拉罐熔化成一块指甲盖大小的银灰色金属。之后，他花了600元请了专家进行化验，结果，那位专家告诉他，这是一种铝镁合金，价格不菲。王洪怀回去立刻算了一笔账，当时市场上的铝锭价格，每吨在1.4万～1.8万元之间，卖这种金属材料远比卖废品要多赚六七倍，假如他创办一家金属再生加工厂，一年就能成为百万富翁！

想到这里，王洪怀的眼睛发亮。最后他也确实成功了，为了回收更多的易拉罐，他把每只的价格从几分钱提升到了一角四分。仅在一年内，他的工厂就用空易拉罐炼出了240多吨铝锭。仅用了三年，他就净赚了270多万元，彻底从收破烂的街头小贩变成了拥有上百名员工的企业家。

由此可见，我们的身边从来不缺乏机会，只是缺少一种灵活地、创造性地看待事物的思维。有些事情看着不好做，但只要换一个角度想想，也许就能找到突破口，就可以从僵局中创造出新的机会、新的市场和新的卖点。

有一位夜总会老板在谈到他的经营之道时说："如果大家都

用一样的想法开店，那和无数个不相识的人不约而同地开了一家连锁店有什么区别？那样只会竞争至死。既然你们都出售喧嚣，我为何不能反其道而行之，出售'安静'？"

你已经看到了，这位老板想出了一个绝妙的创意。他开创了一种叫作"沉默宴会"的活动，每个星期三都会举行一次沉默宴会。来到这里的所有人都不能发出声音，像默片时代的电影一样，人们只能通过文字或肢体语言进行交流。

"不能说话，人们就开始运用动物的本能眉目传情。活动时间一开始，整个店内飞舞的全是情书和纸鹤。你能想象那样的氛围吗？连我自己都觉得浪漫。但活动时间是有限的，我们会在大家意犹未尽之时喊停。当主持人宣布沉默时间到的时候，场内一片爆发式的欢腾，整个晚宴被推到了一个新的高潮。"

这位聪明的老板正是从都市人渴望在喧嚣的大都市里寻求一方安静的角度想到了这个创意，从而创造出了新的卖点。他的夜总会极具特色，迅速在残酷的竞争中脱颖而出。

换个方向，寻找突破口

芭比娃娃风靡全球，成为全世界的女孩子都想拥有的玩具。但你知道芭比娃娃的概念当时出自一家濒临破产的玩具公司吗？

1959年，美泰玩具公司因经营不善而濒临破产，公司创始人露丝·钱德勒为了寻找出路伤透了脑筋，最后她想出了一个创意，要创造一款以她女儿名字命名的成人型娃娃——芭比。这个想法当时遭到了股东们的一致反对，但钱德勒夫人没有退缩。她力排众议，让公司的产品在纽约上市。她的坚持最终收到了出人意料的效果——芭比娃娃上市仅一年就卖出了35万个。

如今，芭比娃娃已经57岁了，但芭比热潮却从来没有消退，收藏芭比娃娃已经演变成了一种时尚。

据悉，芭比娃娃的设计师高达一百名之多。这些设计师们不断为芭比"整容"，为她设计漂亮的衣服，而且还把一些名人的肖像添加进了芭比的脸谱中。为了保持芭比的公众度，每年都会有12～20个系列被推出。对于不同的消费者，芭比的版本也有所区别，比如大众版、精品版、限量版等，适应人们消费的需求。尽管售价很高，但芭比仍然战胜众多竞争者，成为最受女孩子喜欢的一款玩具。现在，芭比超越了时空，甚至被赋予了某种偶像生命力。

2002年，钱德勒夫人在洛杉矶去世。第二天，西班牙的埃菲社就发布了一篇报道："昨天，芭比娃娃成了孤儿。"从诞生的那刻起，芭比娃娃就不再是一种可以任意拆卸的玩具，而是成了孩子们心目中的偶像，成了大众眼中一个有生命力的人物形象。

由此可见，芭比娃娃的成功就源于一个成功的卖点。这个卖点改变了传统玩具在人们心中的印象，成功取得了自己的文化符号地位。如果没有这个突破性的创意，当年的钱德勒夫人和其他人一样，采取保守的做法，默默地侥幸地等待市场危机自己消失，也许用不了几年，美泰玩具公司便不复存在了。

创造性的整理思维

没用的东西一定要扔掉吗？

我们的大脑中时刻堆积着成千上万的想法、经验和各式各样的信息，思维功能在运转的时候从中抓取有用的东西，组合在一起产生逻辑、判断并形成具体的行为。但可以想象的是，如果不加整理，我们的思维就会充满了随意性。

没有创造性的整理，你将面临的最大问题是：即便有一个好的想法，也只能停留在一闪而过的阶段，无法被系统地创造出来。

这些好的想法在头脑中一闪而过，几分钟、几小时内还令你激情四射，但是第二天便已经从你的记忆库中完全消失了。一觉醒来，你可能就忘了这个想法的存在。对于创造来说，这是殊为可惜的，因为这意味着我们要重新思考。

有一位清华大学毕业的CEO，他可能是全中国最年轻的赚到1000万元的CEO了，也许还是赚到1000万元用时最短的CEO。他在中关村附近有一家自己的工作室，加上他只有4个人，但工作室每月的工作效能比那些40人的公司还要大。他的诀窍是什么？就是用整理思维开发、释放头脑的创造力，让每一个想法所蕴含的价值都被极致地开发出来。

"我们每个人的面前都有一个小得可以装进口袋的本子，有30页厚，就像你过来参观时看到的那种。它是记录重要信息的吗？不是，我们用它记录那些'无用信息'，就是暂时觉得没用的点子、想法，甚至不切实际的设计，将它们统统写在上面。然后我们定期重温、讨论，把它们整理出来，于是我们经常会碰撞出智慧的火花，十分神奇。"

这个简单的做法的确获得了神奇而不可思议的收益——他的工作室成立两年来所开发的100多个项目中，超过60个项目都是这些记录"无用信息"的小本子提供的——通过一定的整理和讨论，这些当时不起眼的念头转化成了超预期的价值，反而很多精心设计的项目没有这么惊人的创造力和想象力。

创造性的整理思维其实就像在我们的大脑中设立了一座信息提炼工厂，这个工厂是为了整理、加工信息而设立的，要把那些无法与外界事物产生对应联系的随机记忆分子放入其中，提炼、研究、打磨，直到组合成一个新的概念或形象。在工厂的流水线上，所有的信息都不再按照传统的、常规的逻辑流动，而是以天马行空的形态任意、自由地组合，直到它们结合成让人眼前一亮的东西。

这个过程可能是极其辛苦的，而且也必然充满了艰辛，因为我们要把那些没有联系的事物组合到一起。这不仅需要超强的想象力以及后续的推理、论证，还有直觉判断等思维活动，还需要让自己建立新的习惯，坚持把这个整理的习惯保持下去，改变头脑中的传统观念，在生活和工作中多关注那些偶尔闪光的想法，并且及时地把它们储存下来。

PART 6

反从众
做偶然的超级影响者

意见本身正确与否并不重要，影响从众的关键因素是人数。如果持某个意见的人数多，即使这个意见是错误的——他的内心也有隐隐的不安，他仍然会认可和跟随。

为什么好大喜功的人到处都是

自负的思考总是借助不理性的群体来传播

法国社会学家勒庞在《乌合之众：大众心理研究》中说："群体不善推理，却急于行动。它们目前的组织赋予它们巨大的力量。我们目睹其诞生的那些教条，很快也会具有旧式教条的威力，也就是说，不容讨论的专横、武断的力量。"勒庞精确地描述了集体思维的狂热和自负。他告诉我们：一个人进入集体后很容易丧失他的自我意识，在群体思维的压迫下成为盲目、冲动和自负的一员。

此时，思考不再是他自己的，而是隶属于群体的一部分。群体的观念和思维强有力地支配着他，使他产生积极或消极的一切行为。

这很难改变——群体中充满了各种各样的无意识的行为，或者好大喜功，或者沾沾自喜；我们没有了基于理性客观判断的独立思考，而是不假思索地成为集体意志的发声筒。这成了人们在许多时刻的主要思维特征。他不再是他自己，而是成为一个玩偶；他的思考是非理性的，并且经常做出冲动且错误的决定。

理性地寻找人生目标

我认为很多人是没有人生目标的，或者说并不清楚自己的人生目标是什么。不管你愿不愿意承认，这都是无可回避的事实。人生目标是那些不会被生活困境压迫，即使没有回报也不愿放弃的东西。和工作目标比起来，人生目标通常接近于人最本真的兴趣爱好，所以我们经常会在忙碌的工作节奏中觉得它可有可无。但正是这些最纯粹的目标，才是我们活着的意义，是使灵魂得到幸福的梦想的依托。也只有在找到这样的人生目标时，你才有可能从盲目、跟风、自负和不理性的集体思考中向外迈出一步，呼吸到新鲜的空气。

仅有工作目标并不能让人觉得幸福——这正是人们普遍在做的事情。世界上大多数人都在从事着自己并不喜欢的职业，努力适应痛苦和消耗性的工作。他们本来有自己的人生目标，但为生活所迫，这个目标被搁置了。年龄越大，他们每日面对的目标就越向赚更多的钱靠拢。"要多赚点儿钱，供养房子；要升职加薪，让家人过得轻松点儿。"这也是每个人都在思考并认为理所当然的事情。换句话说，这是整个社会和大众性的思维惯性。

安妮在成为一家美甲店的老板之前，是当地一家银行的高级职员。做出这个决定时，她几乎失去了所有家人的支持。显然，没有人愿意自己的亲人从舒适的银行环境中跑出来去开美甲店。

"他们似乎统一了口径，你会听到那些完全不加隐藏的愤怒的语气：'你可是哈佛大学商学院毕业的高才生''美甲是辍学生的职业，是被社会抛弃的人没有办法的选择''你背弃了所有人的期望''你会为自己的不理智行为后悔的'……"安妮在谈到这些当时令她怒不可遏的言论时，已经没有了当时的怒气，她的语气中透露着淡然与理解。

"你知道吗？就连我那十多年未见的姑妈也突然加入了试图说服我的阵营，就因为我没有按照他们设计好的路线图来规划自己的人生，最初的说服后来演变成了声势浩大的声讨。最后，我仅仅得到了一个人的支持，这个人是我的外婆，她已经95岁了。当我抱着最后的期望拨通她的电话时，她用自己那种历尽沧桑、看透一切的慈祥语气对我说：'孩子，如果这是你期望的人生，我支持你，不要责怪那些不理解你的人，毕竟人们总要活到一把岁数才能明白活着的意义。'外婆的话给了我莫大的支持，我不想和其他人一样，仅仅为了生活得更好而活着，我想做一些有意义的事情，做那些让我觉得开心、觉得自己真正活着的事情，我很小的时候就喜欢美甲，我不认为这是一份低级的工作。"

与多数人追逐办公环境、福利待遇和体面身份的思维相比，安妮对自己的人生目标很清晰。她始终有自己的想法，缺少的只是别人的支持。但生活中更多的是根本不知道自己想要什么的人，他们喜欢跟着大趋势和别人的看法走，并没有遵从自己内心的主意。安妮倍感幸运，因为她反大众式的思考、反传统的选择，让她找到了一个喜欢并能养活自己的事业。

来自上海的张先生本来在外滩的一家外贸公司上班，近几年随着全民创业浪潮的兴起，他也和很多人一样辞去了前途无量的工作，决心下海扑腾一把。他先后做过好几桩生意：服装贸易、熟食连锁店、手机版App开发、环保涂料，但均无一例外地失败了。

"这些都是时下很热门的行业，我看别人做得都挺成功的，不知道为什么到我这就都失败了。是我的经营方式有问题，还是这些行业我进入得太晚了？"张先生对自己的挫折感到十分迷惑。

我问他："那你最喜欢做的行业是什么？"

张先生想了好久，最终他露出了一个茫然无措的表情："说实话，我也不清楚自己到底喜欢哪个行业，我从公司退出来时只想着赚钱。我认识的人都去做生意了，还赚了大钱，我觉得自己也可以。不过，大多数人不都是这么想的吗？"

"大多数人不都是这么想的吗？"这句话道出了问题的实质。生活中有多少人根本不清楚自己的目标是什么就付诸实践？这自然是一种不理智的行为，没有清晰的目标必然会招致失败。但在思考时，人们总是盲从于一种集体式的选择。

"别人这么干，我当然也可以，尽管我不太清楚这么干是否正确。"事实真的如此吗？

从内在挖掘理性方案

现在，问一下你自己："我有清晰的人生目标吗？"注意，这个目标必须与别人的、大众的有所区分，不能因为某些人正在做什么，所以自己也想实现它。你需要找一个私人的目标，一个完全源于内在的追求。

给自己20分钟的时间思考这个问题，在这个过程中不要去进行诸如"朋友、亲人、同事的梦想"之类的比照。这时要向内看，而不是向外看。如果没有得出结论，就按照下面的方法思考。

1. 你喜欢做什么。

别说你喜欢好吃懒做，这是生理本能，是动物的思维。人类已经从低级动物进化成高级动物，区别就在于，人类不能为生存而生存。动动脑子吧！把你平时最喜欢做的事情写下来。比如喜欢唱歌、跳舞、化妆、看球赛、阅读、品尝美食等。别担心这些真心喜欢的东西不够体面，全部写下来，越多越好。也别考虑这些爱好和别人有什么不同，是否符合大众的口味，你要做的是写下自己喜欢的东西。

列出全部目标后，就可以一条一条地去细分这些自己喜欢的目标，从中挑选当下自己最想做、最应该做的事情，为它们准备详细的计划。值得注意的是，我们根据这个问题得出的目标和计划，将是完全属于我们自己的，而不是源于集体或他人的诱导。

2.我经常留意什么。

喜欢化妆的人会经常观察别人的脸；喜欢健身的人会关注别人的身材；精通演讲的人通常会注意别人的沟通方式；而一个人力资源总监会敏感地洞悉复杂的人际关系……那么，你经常留意什么信息呢？比如在浏览新闻或者逛街的时候，你会被哪些事物分散注意力？你会为了什么感到兴奋？生活中你对哪一些事物更具备观察力，更能思如泉涌或产生独特的观点？把它们写下来。

3.哪些免费的项目是你愿意去做的。

想一想那些你愿意义务劳动的事情。比如，加入保护动物的志愿活动、支教、登山运动、在网络上普及常识，等等。这些免费的项目中就藏着我们的兴趣，它们可能与主流观点格格不入，但不管怎样，先把它们列出来。当这些可以无偿去做的项目列出来后，为它们分别标注一个重要程度或喜欢程度的序号。在你的大脑中，这些序号就代表着自己喜爱及真正愿意去做的工作的排序。

4. 你平时最喜欢读哪类书籍。

永远别因为自己的知识量而自负，郑重地思考一下自己涉猎的领域和不足之处。我常对人说："读书是一把双刃剑。一方面，读书提高人的智慧，增加人的知识水平，加强人的思维分析能力；但另一方面，读书也易固化人的思维模式，让人更倾向于融入集体思维。但是我们仍然要选择主动积极地阅读，因为没有阅读和对知识的学习，我们连自负的机会都没了，自然就找不到形成自身独特的能力优势的机会。"这段话如何理解呢？简而言之就是：多求知，同时独立思考。

确立了这个原则以后，你就可以想一想自己买过的图书主要是哪些类型，自己是否有特别钟爱的题材，如科学、军事、地理、文史、设计等。如果去图书馆，你会在第一时间去哪一个区域呢？这个问题的答案会告诉你应该努力的方向。

5. 做什么事情让你觉得很容易。

这是激发我们的头脑创造力的关键一步：哪些内容是你最擅长的？做这种事情会让你感到快乐吗？如果答案是肯定的，那它便可能是你真正的目标。例如写作、金融投资或者弹吉他。

想想你自己的答案，把它们全部写下来，而不是盲目地听取他人的建议。

最后，将那些你最喜欢、最想做的事情标注出来。注意，用大字体刻进潜意识，让它深印在脑海里，与别人的思维区分开来。再把那些不去做就会后悔一辈子的项目单独写在一张纸上。这时你一定会发现，你所给出的答案其实就是自己的天赋。

如果把这些天赋充分地发挥出来，你就会成为某一领域的专家。通过认真客观地分析，你会理性地认识到真正的自我。

多数人正因焦虑而冲动
购物冲动是怎么对你的思考进行洗脑的

在购物这件生活中最稀松平常的事情上，每个人都有过鬼迷心窍的经历。当看到一件爱不释手的物品时，急剧上升的肾上腺素会令你头脑发热，对商品真正的价值产生错误的判断——这件物品超值，不买我会后悔的。这时你做了一个冲动的决定，并且是基于惯性的大众化认识——别人也在买，我不买将错过一个好机会。

结果东西买回家，你才站在自身需求的角度慎重地考虑这个产品的性能、价格、实用性——这一切本该发生在购买行为之前。此时的你才会突然意识到自己上当了，或者想到商品的价格应该更低才合理，或者发现自己买了一件根本不需要的物品。

"我应该考虑一下再买的，下次一定不能那么冲动了！"这种自责每天都在上演，我们的思维总是在重温上一次的台词。但即便你下了狠心，发了毒誓要改变这种情况，下一次可能还会如此。因此，生活中才多了那么多的"剁手党"。如果这个世界上存在剁手执行机构的话，我相信满大街都会是断手断脚的人。

埃里克就是这样一个无法控制购买冲动的人。最近，他正因经济状况和自己的妻子争吵不休。而在最近的一次争吵后，妻子提出了离婚。这件事错在埃里克，因为在家庭财政已经持续半年入不敷出的情况下，他竟然偷偷地向银行贷款买了一辆昂贵的山地车。

"每次买完东西我都很后悔，但如果不把它们买回家，我就会陷入空前的焦虑，彻夜难眠，就像有人对我施了诅咒。最终我只能用一种购物魔法来平复这种冲动。"埃里克认为，购物对他而言是一种情绪平复机制。可现实是，这一机制钝化了他的判断能力，让他不断地重复这一过程。

听听大脑怎么解释

人类特别是女人为什么会无法抑制购物的冲动？有时甚至会感觉购物的冲动就像自己与心灵进行的一次关于意志力的斗争？

杜克大学的科学家发现，购物冲动可以通过我们的大脑构造得到一个科学的解释。在人的大脑中，有一个部位同时控制着情绪和价值判断。这个部位就在我们的两眼之间，被称为腹正中前额皮质（vmPFC）。它具有很强的迷惑性，会利用情绪的作用蒙蔽人的眼睛，并且削弱我们对经济价值进行理智、公正判断的能力——如果判断力出现误差，我们将眼见不为实，购物时的冲动性更强。

我们在观看电视节目的时候总会接触到广告。在发挥广而告之的宣传作用时，你会发现任何广告都有夸大产品真实价值的嫌疑。并非所有的商家都不够诚信，而是他们普遍学会了利用情绪的产物来吸引人群：情绪可以产生诱导，能让消费者认可他们的产品以及吹嘘出来的神奇作用。

当情绪控制的目的达到后，消费者的价值判断就会出现偏差——会在内心深处自发地认为：这是一个好东西，买了肯定没坏处。所以，你的家中常常堆积了一些你并不需要的东西，有的甚至很昂贵。占有它们所起到的唯一作用，就是减少了家庭空间、消耗了精力，因为你得找个地方存放它们，有些东西还要时时维护。

对于冲动购物的顽固行为模式，斯坦福大学神经学家布赖恩·奈森（Brian Knutson）给出了一种更为形象的解释，他说："当人们决定是否要买某件东西时，大脑里有两个系统会影响他的决策：奖赏系统和疼痛系统。通过观察哪个系统更兴奋，就可以准确地预测到他是否掏出真金白银去购买某样东西。"

冲动的奖赏系统

当你不可遏制地想要购买某种物品时，一定是奖赏系统在发挥作用，它对人有着强大的无与伦比的惯性推动力。如果我们能够真切地观察到大脑反应的话，你会看到自己的大脑因为一件高价值但又打折的商品兴奋得上蹿下跳，让你急不可耐地采取行动。一旦奖赏系统被激活，你的大脑就开始专注于为你达成目的——想方设法帮你获得奖赏。

毫无意外，这时你极少会关注成本，甚至是隐藏风险的存在。疼痛系统的功能此时被无限弱化，这个状态就像一架完全失衡的天平，即使已经计算过购物成本，并且料到未来可能会为此后悔，但奖赏系统此时完全占据了上风——不管理性如何警告你这么做会付出代价，你依然会坚持自己原始的冲动。

如此看来，奖赏系统是狡猾商家的最大帮凶。如果我们不对这个"煽动分子"加以控制的话，等待我们的永远会是刷爆的信用卡和买不完的冲动。因此，我们必须激活大脑中的疼痛系统，令其正常地发挥作用，以此来遏制奖赏系统的扩张。打破这个惯性，才可能从冲动的模式中摆脱出来。

那么，如何激活内在的疼痛系统呢？心理学家同样给出了科学的答案和切实可行的做法。

1. 只要条件允许，使用现金支付。

你一定有过这种体会——面对大额消费，如果使用现金支付，你会强烈地感受到一种大出血或者割肉的感觉。但刷信用卡却不会产生这种感觉——你所能感受到的只是一个数字的变动而已。为了控制购物冲动，如果不是必要的支出，应该多使用现金支付。改变携带信用卡的习惯，不要担心带了现金更能为消费的冲动提供便利，因为当你的钱包越来越瘪时，你一定会自主地阻止钱包继续"瘦"下去。

2. 通过具象的丑化对比思维，打压不必要的购买欲望。

L小姐是一位知名购物狂，但后来她用一种方法成功地从购物陷阱中走了出来。L小姐有一次穿了一件某品牌的新款连衣裙上班，结果与同办公室的一位肥胖的同事撞了衫。当时的场景给她留下了无比深刻的印象："你能想象一条鲸鱼被塞进丝袜里吗？她的嘴角还沾着面包屑，那就是她！日后每次购物的时候，我都会想起那天令人难堪的情景，有了这个教训，即使再冲动，我也会立刻打消自己的念头。"

这种具象对比的方法是有科学依据的。根据心理学家的研究：一个物品先前的拥有者，会影响我们购买该物品的欲望。当然了，这种拥有并非一定是真实的，你完全可以通过想象来实现目的。想象的场景越形象就越有效。

就像L小姐的例子一样，当你因为一件商品欲罢不能时，不妨想象一下那些令你讨厌的家伙——你们正同时拥有一件物品，而且某天就会不期而遇。假如是真的，这样的场景你能接受吗？没有人愿意与他们为伍，哪怕只是购买和使用同样的物品。于是，思维就冷静下来了。

3. 给自己10分钟的考虑时间。

强制性地给自己一些时间，思维便有机会自己调整。研究证明，我们在购物时，哪怕允许大脑进行10分钟的深思熟虑，都会减少奖赏反应的热度。如果此时你能立刻转身，马上走出商店，到室外做深呼吸，或者去别的店里转转，奖赏反应的目标性也会被转移。如果你经常网上购物，当看中一件商品时，不要急切地放到购物车里，多看看其他店铺的商品，也许你会发现更低的价格，甚至能从购买评论里发现一些之前忽略的用户的负面评价，更低的价格会让你重新评估一件商品的价值，而负面评价则会彻底打消你的购买念头。这就是疼痛系统在发挥它的作用。

记住，永远不要在大脑中建立"这东西可真够便宜"的概念，要树立一种我需要而不是我想要的购物意识。在购物时多看看、慢行动，如果怕自己控制不住，那就不要去看购物网站或者减少去商场的次数。

　　还有一个方法可以战胜顽固的冲动——有时候你可以把自己抑制不住想买的物品介绍给朋友。在推荐的过程中，除了商品的优点之外，我们还会发现很多缺点，你的朋友可能对你的介绍毫无兴趣，甚至还会指出商品存在的一些你没有看到的问题。有了这个过程，我们的购买欲也会大打折扣。综合这些不同的方法，你会慎重地对待自己的购买欲望，这样，控制购物与克制冲动的目的就达到了。

走出羊群，跳出集体思考
如何摆脱跟风行为背后的羊群效应

在几乎所有的经济学课程中，羊群效应都被当成一个必须远离的观念来强调。尽管专家们不厌其烦地告诫人们要从羊群中跳出来，但人们的从众和跟风行动却从未减少过。这是因为，人们能够普遍认知到一种事物或现象，但对于该怎么去做，却没有切实可行的方案。

"市场上有相当一部分投资者，并没有形成自己的理性预期，或者没有获得一手的真实信息。他们无法对形势做出准确的判断，通常根据其他投资者的行为来决定或改变自己的行为。"长期在华尔街从事股票投资交易的乔治·戈登说，"无论人们是否意识到羊群效应，一旦陷入群体中，大部分人的观点总能在少数派的质疑中胜出。面对群体力量，个人的理性判断很容易失去作用，进而和群体一样盲目。"

　　乔治每天都会接触大量意向投资股票的人，他们来签署委托合同时，多数存有一夜暴富的幻想："我相信这次投资会让我有很大的机会成为百万富翁。"但对于可以实现这个目标的根据，他们却无法确切地提供。有一次，一位中年男士和妻子一起来到交易所，想买自己中意的股票，当然也是因为某位有研究的朋友介绍才感兴趣的。乔治问他们："你们为什么要买这只股票？"那位男士说："我有朋友、亲人和同事也购入了这只股票，目前看来，他们确实小赚了一笔。"

　　当乔治向他们推荐另一只更有潜力的股票时，这对夫妻显得有些迷茫了。尽管乔治拿出科学的数据和历年来的走势分析，希望他们做出理性的判断，但他们最终还是购买了朋友、家人与同事共同推荐过的那只股票。结果，这只股票在一个星期以后暴跌，他们的投资被套牢了。

趋利避害的惯性

　　人们喜欢从众，依从多数人的思考，很多时候只是一种趋利避害的人性层面的反应，并不说明这种选择在思考和行为层面是更安全的。人性总是趋利避害，它要求我们做出最安全的选择——多数人做的事情一定更为保险，这就是它的判断，于是人们在潜意识中更倾向于跟在大部队的后面。

社会心理学家经过长期的调查研究发现，意见本身正确与否并不重要，影响从众的关键因素是人数。如果持某个意见的人数多，即使这个意见是错误的——他的内心也有隐隐的不安，但他仍然会认可和跟随。

这种现象当然是悲哀的，人的思维就像一个超级程序的分机，没有自主性。在为自己的意见争取认同和为他人的想法摇旗呐喊的选择上，他们总是会轻易地屈服于大部分，以此来避免一个人单独行动可能遭遇的风险。

从个人的角度分析，每个人都有自己独特的思考和见解。让他一个人在房间内演讲时，他很可能才思泉涌，逻辑清晰；但处在一个集体中时，敢于力排众议、坚持己见的人却少之又少，完全变成了两种极端。

在复杂的人际关系中，人们需要明哲保身，附和集体来获取稳定的安全感。比如有些人长期遵从的观念就是："我要少得罪人。"在集体中，如果意见与大家背道而驰，你可能会成为众矢之的，被其他人当成背叛者进行集体孤立，甚至还会遭遇某些惩罚。为了保全自身的利益，很多人主动放弃了自己的思考。因此，这些人经常挂在嘴边的至理名言是："群众的眼睛是雪亮的。"

听起来，这句话有一定的道理，就像羊群效应也有它的合理性一样——某些特定的环境中它们是适用的——我们并不完全否定这种观点，因为当外界提供的信息与我们自身的信息不对称时，跟随他人的风险确实更低。

我们需要从羊群效应中得到的警示：一是不要尽信他人的信息，保持头脑清醒，有自己的判断力。二是不要没有原则地跟随众人的思考，要敢于做出相反的决定。

在现实生活中，你会发现总有大量的信息随时将你包围，有无数的观点、看法和思考方式供你选择。你甚至都不用思考，伸手选一个大家都在做的就可以了。但如果总是跟随他人，人云亦云，就很容易迷失自我。我的一个同事就是这样，结果却付出了巨大的代价。

群众的眼睛不一定雪亮

我们发现很多人在心理和行为上对其他人有依赖感，特别是很在乎多数人的共识。

这件事我要不要做，得听听同事们（朋友们）的意见。

没人为我出谋划策，我就十分缺乏安全感。

房子装修成什么风格？我没主意，问问亲友吧。

买什么样的车呢？我要让父母或同事帮我决定。

……

总之，这些人思考和决定任何事情，在第一时间想到的都是其他人的意见，或者去询问自己最信赖的人，请他们帮忙做决定。如果某件事有许多人同时表态时，他的自主意识与创见性思维就消失了，他必然依赖身边的集体而不是自己的主见。当多数人发声时，他就成了一只跟在后面的"羊"。

一位资深社会评论员说："普通大众习惯于向媒体求助资讯，向权威人物寻求观点，并企图从众人的判断中建立自己的行为模式。但不要忘了，任何媒体都是由人在操作的，媒体人也是人，任何权威的观点都有局限性。他们不是你的眼睛，也不是你的风向标，如果你不去辨别哪些信息真实有效，哪些是垃圾信息，就会被这些舆论牵着鼻子走。"

群众的眼睛当然很亮，但有时却照错了方向。避免盲从的有效方法是：在获取到信息后，对信息加以整理。判断出有用的信息加以收集，将无用的信息从大脑中剔出去。这样不仅能够简化我们的思维，还可以展开高效的行动。

例如，当你正打算创业，在挑选创业项目的时候，切不可盲目地跟在别人的后面，要有自己的市场判断力，多发挥自己的创新能力，开发自身的想象力，独立做出判断。选择一个项目后，就要看项目未来的市场趋势，而不是只盯着眼前有限的市场份额。有的人很喜欢做生意，但又没有自己的主意，于是别人干什么，他就干什么。大家都赚钱的时候，他赶紧跟上，因为进入得晚，也赚不了多少；大家都赔钱时，他可能赔得更多。

当你四处找工作的时候，也不要盲目地选择大众眼中的热门职业。要对自己有清晰的定位，看清自己的能力——具体来说，就是要知道自己擅长什么、热爱什么，缺点又是什么，最后找到一个适合自己的工作。这比在千军万马中寻找捷径或者去挤独木桥的风险更低，成功率也更高。重要的是，你获得的是属于你的事业，而不是属于大家的。

为自己建立批判性思维

经常反思和总结是一个好习惯，但为什么很难养成

批判性思维作为现代逻辑思维重点发展和研究的方向，起源于20世纪70年代的美国。那时的企业主们对于美国在世界贸易中岌岌可危的霸主地位表现出了极大的担忧，为了应对可能会出现的危机，他们纷纷在自己的企业内部寻找那些拥有卓越前瞻力和强大思维的人才。然而，这样的人才似乎出现了断供：一家四五百人的企业甚至都找不到一个符合要求的人。这种担忧逐渐在社会上蔓延和扩散开来，一些知名的商业杂志和报刊中开始出现一些言辞激烈的文章，把问题的根源指向了美国刻板的教育系统：

"为什么我们年轻人的思维能力下降了？"

根据美国1981年的《国家教育进步评价》报告显示，大部

分学生能够完成规范的说明、文本的分析和一个判断或者观点的辩护。但是除此之外，几乎没有学生能够给出超越这些肤浅表象的回答。他们多是在隔靴搔痒，或者就是在回答某一个问题，但拿不出真正的策略。他们沉溺于僵化的惯性和常识，看不到任何批判性思维的影子。

这份报告惊动了美国上层，当时的总统里根与教育部长看后，马上着手成立专门小组，对美国的教育系统进行改革。正是在这样的背景下，批判性思维运动全面开花，掀起了一场全民反思教育的浪潮。

这场浩大的思维运动取得了影响力极为深远的结果。自此之后，一种全新的能力型考试模式风靡全球，人们关注的思维核心不再是简单的逻辑能力和大脑存储的知识含量，而是把更多的目光放到了两者之间的关系上。

在传统的思维观念中，人们普遍更关心一个人学到了多少知识，却不关注这些知识是否得到了灵活的运用，是否能精确地用于分析和解决问题。显然，知识含量和思维的灵活性之间并不具备正比关系，并非掌握的逻辑知识越多，这个人的逻辑思维能力就越强。

批判性思维需要通过长时间的思维锻炼才能形成，比如经常性地反思和对问题进行总结，迅速地扭转局面，调节情绪、思维或者改变行为模式，而不是依从于当下的状态，惯性地延续下去，这样才能形成冷静地审视一切事物的好习惯。

胡女士是一位30岁的单亲妈妈，在经历了一次失败婚姻的打击之后，她变得异常敏感脆弱。加上在怀孕之后就做了全职太太，没有什么收入来源，胡女士每天都活在唉声叹气之中。她对身边的每个人抱怨："这世界上哪有什么真正的朋友，之前的大学好友都断了来往，那些混得好的根本就看不上你了。我之前给一个朋友打电话想要叙叙旧，她是我最好的朋友，结果人家根本不接我的电话，搞得好像我要借钱一样。男人也靠不住，家人也靠不住，活着不知道有什么意义。"

这样的思维不正是多数人都有的吗？遇到此种困难情境，多数人都是这个模式：抱怨、愤怒，继而消极处世，准备就这样终老一生。胡女士就在这种厌世、自弃的状态下过了两年之久，终于有一位敢于说真话的朋友告诉她："我的朋友，你现在跟祥林嫂一样，对此你自己知道吗？"

胡女士一时语塞了。她竟然从未意识到自己的问题，也没有反省一下自己的处理方式是否正确。她只看到自己处境艰难，大家却冷漠地躲着她，她把一切都归咎于人情冷漠和命运的不公。但是现在，她发现自己竟然有这么多的缺点，原来命运的悲惨其实自己也有责任，最该批判与反思的不是别人，而是她自己。而且可以这么说：命运对自己所有的不公都是自己造成的。

"我不是指责你，而是作为朋友给你一点点建议。我觉得你现在的问题不是重新找一个男人摆脱婚姻和经济上的困境，而是需要独立和振作起来。你需要充实自己的生活，做点儿喜欢的事情，找到生计的来源，这样，生活才能重新开始。整天对别人抱怨换不来改变，你只有行动起来，改变自己，不管精神上还是物质上，跟得上他人的脚步，这样才会赢得别人的尊重。"这位朋友对她说。

朋友的这番话确实给了胡女士很大鼓舞，经过认真的反思，她觉得自己这段时间确实太糟糕了，是时候做出实质性的改变了。幸运的是，她赶上了一个好时代，在互联网经济如此发达的今天，她经过朋友的介绍开始做微商生意，积累了一点儿资本后，又开起了实体店铺。虽然起步有点儿艰难，但她坚持了下来。半年后，胡女士彻底从过去的阴霾中走了出来，这时发现自己与过去有了质的不同。

从这个故事中我们也可以看到，思维上的习惯似乎比行动的习惯更难以养成。我们根深蒂固的经验总会在需要时第一时间跳出来，如何突破这种顽固的惯性，是一个不小的难题。

怎样养成更长久的独立思考和反省总结的好习惯呢？

养成正确的学习习惯

上进心与持续的学习必不可少。现在不少人在走出校门之后，就彻底丢弃了学习，也扔掉了求知精神。他们每天守着电脑和手机，不读书、不看报，在获取信息方面过度依赖网络，学习时间碎片化，遇到问题喜欢上网查阅资料或者读一些心灵鸡汤类的文章。这样的结果是，他们对任何问题都只了解大概的轮廓，搞不清重点，说不到要点，看不透本质，既不会思考也不去总结。

有些刚工作两三年的大学生，一边很羡慕其他人优秀的工作能力和高工资，把他们树立为自己的榜样，但一边又得过且过，每天准点下班，回到家便上网看电视、吃饭睡觉、玩手机，基本上没有学习的时间。同事为何业绩那么好？自己为何赶不上？他从不思考这个问题，也不真正地学习同事的优点。他还为自己找借口说工作压力大，时间太不够用。这其实就是自欺欺人的表现。

没有持之以恒的学习，聪明的头脑也会变得迟钝。让学习和读书在生活中占据相当重要的位置，依靠的完全是你的自律性。一个有上进心的人，即使每天只有12小时，他也总能拿出3小时来学习。一个爱学习的人，他会利用在公共场所排队的时间，读完10～20页的文件；他会在咖啡厅等人的时间里使用网络办公工具与客户谈完一次合作；他会在飞机上阅读每日的财经报纸并写下一些未来的想法，修正自己的某些思考，产生更有见地的观点……

我们既要养成学习的习惯，也要用正确的方法去学。就是说，学什么？如何学？明白了这两个问题，我们的思维能力才可以获得质的提升。

学会系统地表述问题

系统地表述问题，就是我要向读者推荐的"1234思维"：将问题分步、分系统表述，并针对性地找到方法。一个问题在表述的过程中经常存在很多方面，大问题中有小问题，小问题又包含着许多细枝末节，如果不加以梳理和分层，讲述的过程就容易条理混乱。不说的时候很清楚是怎么回事，说起来却迷糊了，不是忘了要说什么，就是直接跑题。

用系统化的方式表述，就是让我们的逻辑清晰、表述流畅，第一点、第二点、第三点……都说出来，这样不仅方便自己回忆与整理，听者也容易理解。这是一种逻辑思维能力的表现，也能看出一个人思辨能力的强弱。

我们平时可以有意识地训练这种思维能力，即使是一个非常简单的问题，都可以锻炼思维的分层、分步和分系统的运转。比如要从冰箱中拿出一个苹果：

第一步，打开冰箱。

第二步，拿出苹果。

第三步，关上冰箱。

看起来很简单？简单的系统体现的是强有力的逻辑思维，能让你清楚每一个步骤，看到每一个可能的问题。我们从形式上的强化训练开始，再慢慢地提升逻辑内容和语言组织能力。长期坚持下去，很快你就会发现自己的思考、总结能力得到了提升，处理复杂的问题时，你就会表现得从容很多。

强迫性总结

努力学习新的知识，从思维能力出色的人那里借鉴好的做法，同时融入自己的思考。思考得越多，就越能获得更丰富的思考体验——产生新的经验。同时，要时常自我反思，用批判性思维从之前的经历中总结得失，就会发现很多新的东西——这是过去的经验无法提供的。

现在，由于工作的需要，我的总结习惯基本上可以用强迫症来形容。大脑中的总结行为时刻发生在我醒着的每一分钟，只要大脑在运转，我都会随时无意识地总结。有时是一句话，有时是一个教训，有时是一种灵感，避免让自己陷入惯性思维与盲从性思考的固定轨道。当这种习惯养成以后，我发现即使是一件比较寻常的事情，自己也能从中看到某些创造性的火花。

记录和反思你的总结

对于问题的对比和分析，进行必要的总结后，你可以把过程、结论写在笔记本上，或者写到自己的微博中。总之，一定要将思维成果写下来，这些记录会对我们的认知形成提供有迹可循的轨迹，是完整的思维训练的记忆库。过段时间回头看的时候，你会看到自己以前的心路历程，看到思维的提升过程中经历的挫折和收获的成果。

重要的是，你也能从这些总结中扩展自己的视野。过去的一些结论到现在可能都很正确，但也有一些结论会比较幼稚，或者只适用于当时。历经了时间的沉淀，你发现自己对同一个问题思考得越来越周到、成熟，更符合实际的情况。在这个过程中，你能提炼出适合自己的思维训练方法。

因此，不要省略这个写下来的步骤。可以写在任何地方，一个笔记本，一台电脑，一个网页，或者写到手机上。总之，写到一个随时可以重温的工具中。思考—记录—重温，就是一个对思维梳理提炼的过程。无论思考还是总结，写下来都会让我们获得的东西更加稳固地保存下来。

多应用批判思维

2016年，斯坦福大学经济学家罗思高在中国组织了和教育有关的调查项目，并在《纽约时报》的采访中谈到了自己对中国年轻人的思维能力的看法。

> 我的研究发现，中国学生在进入大学时具备的部分批判性思维技巧是全世界最强的，远远超过了美国和俄罗斯的同龄人。但在两年后，他们便失去了这个优势。究竟是怎么回事？既有好消息又有坏消息。好消息是：无论他们在高中做过了什么，不管你认可与否，这些年轻人都大量地学到了数学、物理和某种类型的批判性思维的技巧；坏消息是：当他们进入大学时，他们似乎什么都不学，没有努力学习的动力，没有塑造思维个性的意识，而且几乎人人都能十分顺利地毕业。这让我无比抓狂。

好像从大学开始，人们的思维特点就主动地固定下来，不仅逐渐失去了质疑大众思维的意识，而且与集体意识的距离越来越近。18岁时，我们还曾经对众人喜欢做或一些众所周知的事情不屑一顾，22岁时自己就已经成了他们中间的一员。

期间发生了什么变故？我认为是缺乏思维实践的必然结果——如果你总是将思维的训练课程放到阅读或课堂中，缺乏与实践结合的经历，一段时间后肯定会失去继续坚持和深入提升的意志——这是由大脑的懒惰决定的，它对于没有结合实际的一切东西都有健忘症。

有句老话说得好："好记性不如烂笔头，而烂笔头不如脚趾头。"就是说，在做好思考、总结、记录之后，我们最终要回归到应用上。同样一件事情，看到和做过所产生的理解有很大差别。举一个不太恰当的例子，很多女孩子只有在经历了分娩的痛苦，自己做了母亲之后，才能真正体会到为人母的不易。因此，思维的提升总是在实践中才能实现，批判性思维的获得与巩固，也需要多找机会实践，而非长久地停留在纸上。

做决定前先逆向思考
进行与目标指向相反的思考

如果感觉逆向思考的概念有些抽象，可以从一个故事开始。

狐狸向猴子借了 2000 元，并且当场写下了借据。但在还款期限快到的时候，作为债主的猴子发现自己把借据弄丢了。这是一个坏消息，猴子焦急万分，因为整个森林里的动物都知道狐狸有多么狡猾。一旦那家伙知道猴子丢了借据，肯定会想方设法赖账的。

这天，猴子的好朋友大象刚好路过，见到猴子坐在门前的石头上叹气。大象便问："伙计，看你愁眉苦脸，有什么烦心事吗？"

猴子把自己的烦恼一五一十地告诉了大象。大象说：

"你给狐狸写封信，提醒他还款日期将到，让他到时候把向你借的2500元还给你就可以了。"

猴子听了大惑不解，他对大象说："我借给他的是2000元，不是2500元。"

大象哈哈一笑说："这你就不懂了吧？狐狸那么狡猾，他肯定不愿意吃亏。看到你问他要2500元，肯定会第一时间提醒你记错了，并且附上真实的数额。有了这封信作为凭证，你还有什么可担心的呢？"

信寄出以后没多久，猴子就收到了狐狸的回信。信上写道："伙计，我向你借的是2000元，你可要记好了，不是2500元！不要担心，到时候我一定还你。"果然，到期后狐狸就急匆匆地把钱拿了过来。

在这个故事中，猴子之所以能在丢失借条的情况下把钱要回来，就是因为采纳了大象的建议——运用了逆向思维。在面临借据丢失的被动处境时，将这种已经发生的消极后果反转为有利的条件——因丢失借据而装作记错数额，反而起到了先发制人的效果，正中狐狸的软肋，让狐狸措手不及，主动且如实地归还了欠款。

对因果的逆向思考

具体实施起来，就是由果溯因地进行思考。它不同于传统的因果逻辑，从原因推导结果，而是从结果逆向推理，一路追溯找出原因。

这一思考机制最成功的运用当属于人类对疫苗的研究和发明。根据文献记载，在宋朝年间，为了治疗天花，有一位医生想到了一种以毒攻毒的方法，即把天花病人皮肤上干结的痘痂收集起来，磨成粉末，取一点儿吹入天花患者的鼻腔。这种方法对当时治疗天花起到了很好的作用，后来，这一有效的天花免疫技术逐渐传遍全世界，经过波斯、土耳其，后又传入欧洲。直到1798年，英国医生琴纳才运用同样的原理研制出了一种更安全、更有效的牛痘，这成了人类历史上根治天花的重大成就。身体的免疫机制在对抗天花的过程中产生的结果，成了医生拿来对抗天花病毒的良药。

在苏联十月革命时期，列宁获悉敌方有一名军官有投诚的意向，但是还没有下定决心。知道这个消息后，列宁并没有派人继续做那位军官的工作，而是立刻让电台发布广播，大肆宣传这位军官密谋起义的消息。这样一来，这名军官骑虎难下，不得不做出投诚的决定，随后发动了武装起义。这也是对因果进行逆向思考的表现，用一个结果去催生结果之前的原因，让局势向有利于解决问题的方向发展。

对属性的逆向思考

有一次，美洲大草原上着起了大火，烈火借着风势，无情地吞噬着草原上的一切。那天恰巧有一群游客在草原上玩，一见烈火扑来，他们个个惊慌失措。幸好有一位老猎人与他们同行，他一见情势危急，眼看这些人就要丧身火海，便大喊道："为了大家都得救，现在你们必须听我的。"老猎人要大家拔掉面前的这片干草，用最快的速度清出一块空地。

这时大火越来越逼近，情况十分危险，但老猎人胸有成竹。他让大家站到空地的一边，自己则站在靠大火的一边。他见烈火像游龙一样越来越近，便果断地在自己脚下放起火来。眨眼间老猎人身边升起了一道火墙，这道火墙同时向三个方向蔓延而去。奇迹发生了，老猎人点燃的这道火墙并没有顺着风势烧过来，而是迎着那边的火烧过去。当两堆火终于碰到一起时，火势骤然减弱，然后渐渐熄灭。

游客们脱离险境后纷纷向他请教以火灭火的道理，老猎人笑一笑说："今天草原失火，风虽然向着这边刮来，但近火的地方气流还是会向火焰那边吹去的。我放这把火就是抓准时机借这股气流向那边扑去。火把附近的草木烧了，那边的火就再也烧不过来了，于是我们得救了。"

逆向思维是一种在逆境中求生的本领，遇到绝境时，它总能帮助我们找到出路。在这个故事中，老猎人通过改变火场中部分区域的属性，让大火无草可烧，成功地拯救了一群游客，当然也救了他自己。

同时，对属性进行逆向思考的思维方式也可以创造商机，帮助我们在激烈的市场竞争中杀出一片无人问津的青草地。我相信很多人都使用过恢复软件，当你一不小心删除了电脑中的某个重要文件时，这个软件可以将文件重新找回来。美国知名程式设计师彼得·诺顿（Peter Norton）就是这套恢复程式的编写者，该软件问世后，成功地化解了无数电脑使用者的噩梦。

不过，这个想法起初被提出的时候，很多人觉得他是在痴人说梦，已经删掉的东西怎么能找回来呢？删除显然是一种电脑文件的属性，人们的传统认识是：消失的东西就是消失了，不可能把消失的东西恢复，就像我们不能把一个破碎的鸡蛋复原一样。但彼得·诺顿却让其成了现实。在他的思维中，既然电脑上所有的程序都是由0和1写成的，那为什么不能用0和1写一套恢复程序呢？这就是对事物的属性做逆向分析的思维方式。

对心理的逆向思考

有一位农业频道的记者曾经去一个偏远山村采访。当时，那个村子里种植的全都是一种口味不太好的蔬菜。记者见了，便向同行的村主任提出了问题："现在已经改良出很多新品种，为什么不让村民去种植有销路、能赚钱的蔬菜呢？"村主任无奈地道出了原因：他不是没有推广过这种想法，问题是农民压根儿不相信这些新品种可以赚钱。

记者哭笑不得，便给村主任讲了一个故事。

土豆刚传到法国时，法国的农民并不愿意种植，人们觉得土豆长相丑陋，不愿把它当成食物。后来有个聪明人想出了一个办法：他在各地种植土豆的试验田边派全副武装的士兵日夜把守。周围的农民一见此阵势，便认为地里一定是种了非常昂贵的东西。于是，他们便时常溜进试验田偷土豆，并且把土豆种在自家的地里。就这样，土豆很快成了法国农民广为种植的一种农作物。

这一方法利用了人们的逆反心理。大众在面对新事物时，总会存有一定程度的不信任，除非他们看到了让人信服的证据。证据是什么？就是价值。这是人们的心理需求，多数情况下，面对高价值的东西，大众都喜欢一拥而上。在这个故事中，士兵和武装在人们的印象中是保卫和不可靠近的象征，只有非常重要的东西才会有士兵来把守。这个做法便有效地利用了人们的心理弱点，使人们重新判断土豆的价值，所以他们才会争先恐后地去种植。

记者说："您不能只想着如何劝说村民去种蔬菜，要想一想怎样让他们不愿意放弃这些蔬菜。"

村主任听到这里恍然大悟。于是，他就向全村发布了一个公告：鉴于新品种蔬菜的指标有限，每个村只有10个名额，先到先得。公告发布没几天，不少村民就跑到村委会报名，讨要名额，希望种植这些新品种蔬菜。限制名额的做法，反而让村民觉得这些新品种一定很有价值，因此改变了之前的想法。

同样的做法在一个乡镇也得到了很好的效果。某镇长为下面的6个村下达了一个命令，他们要在这些村中选出六户人家饲养新品种的母牛，每个村只有一个名额，多一个也不行。镇里提出的条件非常苛刻，他们为这6户村民各引进50头新品母牛，而且派出专门的人手轮流看护。

经过一段时间的养殖以后，母牛生出了小牛，镇里又下达了一个命令：这些小牛要统一交到上面作为出口品种，禁止私自出售。这一系列做法让那些没有机会的村民非常羡慕。后来，有人开始偷偷溜进这些被选中的农户家中偷牛，还有的给这些养牛户送钱，希望能得到一只牛来饲养。如今，这种牛几乎每户都养，由于牛肉品质好、价格高，这个镇已经在全国乡镇中名列前茅。

人类的心理永远都有逆反性——一切的禁止意味着强化。越是意识中禁止的东西，我们就越会在潜意识中强调它。这是一种悖论，但却可以在思考中充分地利用它实现自己的目的。

PART 7

反主观
别活在自己的小世界

所有的人都在做加法，钱越来越多是奋斗的目标；事业越来越成功是必须完成的梦想；娶媳妇要门当户对；做生意要不断扩大。做任何事都只有前进，没有退路。这并不是一个错误，但却需要我们调整思维的方式——既要追求有钱的幸福，也要满足于没钱时的平淡。

必须很有钱吗？

追求有钱的幸福，也要享受没钱的平淡

　　不论过去还是今天，对于幸福的定义，每个人都有自己个性的标准。有人把幸福定义为事业上的成功——做成一些大事，甚至改变历史的进程；有人认为拥有和睦美满的家庭就是幸福——老婆孩子热炕头，其乐融融享受生活的每一天；也有的人认为幸福必须要依靠财富才能获得——必须赚到很多的钱，名列富豪排行榜。这些形形色色的观点都没有错，因为谁也不能用一种唯一的标准去衡量和定义幸福。

　　每个人看待世界的角度不同，对幸福的认知也不同。但是有一条是你必须明白的，金钱并不能完全地决定人生的幸福。在思考财富的问题时，要辩证地看待金钱，冷静地审视物质的作用，不能被金钱思维绑架头脑。

就像人们熟知的渔翁和富翁的故事——富翁认为幸福就是赚到很多钱，这样他就可以环游世界，享受海滩的阳光；渔翁却不以为然，他认为："即使没有钱，我已经在享受阳光了呀！你那么辛苦赚钱又是何必呢？"渔翁拿起鱼竿，坐在海边快乐地消遣；反过来，富翁又赶回自己的企业拼命地赚钱。

所以，在富翁的思考中，要赚许多钱才能去享受阳光的快乐，他生活中的每分每秒都为了钱在努力，不知道赚多少才能实现目标。但在渔翁的思考中，阳光每天都在，是否享受阳光，全看你的心境的好坏，而不是财富的多寡、地位的高低。从这一点来看，知足的渔翁没多少钱，但已经在享受幸福了；有钱的富翁将赚到更多的钱，但不知道什么时候才能拥有渔翁的心境。

不管是何种形式的幸福，是大鱼大肉还是吃糠腌菜；是环游世界享受阳光，还是坐在自家的庭院里摇着蒲扇、晒一晒太阳，从来不是由别人的眼光和评价决定的，而是取决于你自己的心态。我们要获得足够长久的幸福感，首先需要的就是学会知足——在头脑中建立强大的、知足的思维，与浮躁和急功近利的主流思维保持距离。

当大家都在着急赚无数的钱、拼命地挤那一座狭窄的成功之桥时，我给你的建议却是回头看一看。

别处的世界是否更宽广

在这时，我们的思维要拐一个弯，向后看，或者向左、向右看："我为何必须参加这场游戏呢？有没有其他更宽阔的出路、更宽广的世界，也可以让我获得幸福？"想一想，没有那么多的钱，我就不能过得快乐吗？打破追求金钱的惯性。假如及时调整思维，我们会发现这个世界别有洞天，人生并非必须变成有钱人才是幸福的。

刘女士和自己的丈夫在上海打拼了许多年后，最终选择带着两个孩子回到家乡，那座平凡的二线城市。在谈及回到家乡的感受时，刘女士说："年轻的时候只想着赚钱，在大城市生活下去，以为那样就能活得体面。但是上海的生活压力是非常大的，我和老公都在外企上班，每年20万元以上的收入，但我们却过得缩手缩脚，家里基本没有积蓄。但回到家乡仅一年，我就体会到了存钱的快乐，每天睡觉都是笑着的。我们有钱带着孩子去国外度假，也不再担心父母生病却拿不出一点儿钱。虽然从上海回到老家听起来不太有面子，但是我认为谁也不能永远活在别人的评价里，自己有了真正的幸福才是最重要的。"

现在的刘女士是知足的，她突破了大众挤向"北上广深"一线大城市的惯性思维，转身到二三线城市寻找机会，反而得到了一线城市没有的快乐。最近几年我也发现，不少人正在或计划从大城市回归家乡，他们意识到了这个问题。苏格拉底说："当我们为奢侈的生活疲于奔波时，幸福已经离我们越来越远了。"不信你去北京、东京、华盛顿等大城市的地铁站、街头看看，人们面色焦虑地奔忙着，没有享受生活的时间，也没有工作的快乐，因为努力工作成了生存唯一的需要。

中国古代哲人老子在《道德经》中讲道："罪莫大于可欲，祸莫大于不知足，咎莫大于欲得。故知足之足，常足。"意思是说：最大的罪过莫过于放纵内心的欲望，最大的祸患莫过于对现实不知足，最大的灾难莫过于对未来有过多的贪欲。所以懂得知足且不贪心的人，他们才会常常觉得快乐。不贪的快乐是真实的，也是饱满的。有一颗对金钱的知足之心，钱少一点儿也够花；但如果欲望一刻不曾停止，就会陷入永远的不满足和不幸福中，赚的钱再多也是痛苦的，因为欲望在体内弥漫，焦虑在血液中流淌，想要活得幸福是不可能的。

逃出鸟笼逻辑

在经济学中有一个著名的狄德罗效应，讲的是法国哲学家丹尼斯·狄德罗的故事。有一天，狄德罗获得了一件做工精良的睡袍。他穿上这个睡袍之后，忽然发现和高级睡袍相比，家里的一切都显得很不协调：家具风格陈旧，地毯针脚粗鄙，餐具廉价劣质，就连空气闻起来都是一股下层人的味道……为了配上这件睡袍，他把家里所有的家具都换掉了。但这仍然不能使他满足，到最后狄德罗才发现，自己的生活竟然被一件睡袍胁迫了。

为什么会这样呢？这是因为，人们在拥有了一件新的更好的物品以后，会不断地配置与其相适应的物品，以达到心理上的平衡。与此类似的心理现象还有鸟笼效应，也叫鸟笼逻辑。这些欲望就像鸟笼，把人困在里面，按照鸟笼的"意志"安排自己的行为。

物理学家卡尔森退休后在家过着悠闲的生活。有一天，他的好友心理学家詹姆斯对他说："不久之后，你一定会养上一只鸟。"卡尔森不以为然："我可从来没有想过要养一只鸟。"结果没过几天，在卡尔森的生日上，詹姆斯送上了他精心准备的生日礼物——一只精致的鸟笼。卡尔森笑了："就算如此，我也只当它是一件漂亮的艺术品。我还是不会想要养一只鸟。"

但事情却并不如卡尔森想的那么轻松。自从他收到了这只鸟笼，只要家中有客人来访，当他们看到书桌旁那只空荡荡的鸟笼时，几乎无一例外地问他："教授，你养的鸟什么

时候死了？"卡尔森只好不厌其烦地向客人解释："我从来
就没有养过鸟。"然而，这种回答每次换来的都是客人的困
惑，甚至是有些奇怪的目光。最后，卡尔森教授只好向这只
鸟笼妥协了——他买了一只鸟。

其实，卡尔森如果被解释这只鸟笼困扰，完全可以把它丢弃
或者找一个看不到的地方收起来，这样就没有人会再询问他鸟笼
的问题。但在买一只鸟和丢弃鸟笼之间，买一只鸟似乎更容易。

消灭不必要的欲望

鸟笼逻辑产生的原因很简单：人们在面对问题的时候，大部
分时间采取的是惯性思维，能够用知足思维思考的人少之又少。
人们会想，既然有了鸟笼，那就买只鸟放在里面吧。之后，他们
就会买鸟食，建设适合这只鸟生活的环境。再过一年，他们可能
已经离不开这只鸟了。这些不必要的欲望让人们的生活一直在做
加法。

今年我赚了20万元，明年要赚60万元。

这个月我买了一套高级音响，下个月当然要买一些限量版
的唱片。

我在北京有了第一套房，接下来就要争取第二套房。

我现在是部门主管，未来要进入董事会。

……

所有的人都在做加法，钱越来越多是奋斗的目标；事业越来越成功是必须完成的梦想；娶媳妇要门当户对；做生意要不断扩张；做任何事都只有前进，没有退路。这并不是一个错误，但却需要我们调整思维的方式——既要追求有钱的幸福，也要满足于没钱时的平静；有机会时当然要积极进取，没机会时也能从容地活在当下，从现实的生活中获取真实的快乐。

生活在一个繁华世界，每天都有新的娱乐、新的目标，一个人想要拒绝物质的诱惑并不容易。每个人都想过上更高质量的生活，所以人们八仙过海，各显神通，每一根神经都是紧绷的。因而，欲望是无孔不入的。我们无法控制自己的内心，使心灵没有任何欲望。而且换个角度来说，欲望确实是我们不断追求和前进的动力。在一定程度上，我们每个人都需要欲望。但是，对于欲望的满足必须要有限度——你要知道哪些是自己能够拥有的，哪些是不应该去羡慕的。这样做，你才会获得真正属于自己的幸福。

你有多久没考虑家庭了

任何时候都要把家庭放在第一位，你做到了吗？

　　我的朋友皮克是一个典型的工作狂，经常出差。他戏言，自己不是在飞机上，就是在赶往机场的路上，或者就是在客户的会议室。在不出差的时候，他也几乎每天都在公司加班，回到家时常常是下半夜了。皮克在公司里是令人敬佩的辛勤职员、老板眼中的骨干、客户眼中令人满意的业务员。但对于家庭来说，他既不是一位好丈夫，也不是一个好父亲。他已经好久没抱过自己的孩子，也不知道自己的孩子已经掌握了200多个新词语。每天回到家中，妻子和3岁的孩子已经睡下。孩子还没醒，皮克就又匆匆忙忙地走了。

　　皮克甚至忘记了今年的结婚纪念日。为此，他的妻子大发雷霆，"你既然已经娶了一位叫'工作'的妻子，为什么还要娶我?"之后连夜收拾了他的生活日用品丢到门外,并且留下一张纸条:"你去与自己的另一位'妻子'生活吧!"

门紧紧地关闭着,皮克沮丧地求饶,心急如焚地解释:"我这么做都是为了让你们过得更好!"但是房门根本敲不开,妻子非常生气。他只好搬到公司住了一个多月。在百般求饶之后,皮克才得以重新搬回家中,睡到了自己的床上。

家庭对你而言是什么

皮克的遭遇值得同情吗?他看着辛苦,但我觉得一点儿都不值得怜悯。在工作中,所有的老板都在宣扬以公司为家,恨不得员工住到公司里,一天24小时为他卖命。老板可以这么想,这没问题,我们不能也不需要谴责全世界的企业领导者。毫无疑问,越是努力工作的员工就越能为公司创造更多的价值,所有的公司都致力于把员工打造成一部不知疲倦的工作机器。对于员工来讲,努力工作确实也很重要,这是我们能够安身立命、提高生活质量的保障。没有一个家庭能在缺少工作的前提下维持基本的生计,所以我们要热爱工作。

但是,工作并不是生活的全部,也不是打造幸福人生的基础。换一个说法,工作只是我们通往幸福生活的工具,而不是人生的主要目标。对于一个普通人来说,家庭所能提供的幸福才是永恒的。工作再拼命，如果没有稳定的家庭做后盾，就像精神上缺少了支撑。在看到他人的欢愉时，总是避免不了无限的内疚与孤独。并且从长期来看，一个不顾家庭的人在工作上肯定是不可靠的。

这通常也是我判断下属的标准——我会有意地审视、考察他们对待家庭的态度。那些不热爱家庭的人，我永远不会让他进入公司的培养名单，也不会给他重要的职位。在我的公司发布的最新的干部培养计划中，我们又一次提高了照顾家庭指数的标准，让这一标准在综合评分中达到了35%的占比，略微高于忠诚度指数的占比。因为我认为，一个愿意拿出主要精力照顾家庭的人，他对于自己所服务的企业也一定是忠诚的，两者存在极其紧密的联系。

这几年，我在世界各地的企业中见过无数成功人士，他们的办公桌上无一例外地放着与家人的合照。他们在商场上叱咤风云，在家中则是尽职的丈夫和父亲。在纽约最豪华的地段有独立产权办公楼的证券公司总裁莫森被称为"华尔街最凶狠的饿狼"，这些年被他打趴的对手，能从华尔街排到曼哈顿。但你在他的办公室里从来看不到生意的影子，也找不出一张与商场著名人士的精彩合照。他的办公桌就像他干脆凌厉的行事风格一样，一部电话，一摞文件，一个水杯，一个相框。相框中是莫森与儿子在球场的合照，他们俩穿着纽约巨人队的球衣，正在击掌庆祝一场胜利。除了这些以外，他的办公室就像一个普通家庭的书房，到处散发着浓浓的生活气息。

"我从不相信那些在墙上挂满与陌生人合照的家伙。他们要么冷酷无情，要么虚伪至极。如果你相信他们，下场一定会比那些被我打垮的家伙还要可怜。"莫森说，"如果你要寻找一位诚信的工作伙伴，相信我，就去他的办公室看看，只有热爱家庭的人才会对工作负责。一个连参加自己孩子的毕业典礼都抽不出时间的人，他可能比总统还忙。谁知道呢？我听说奥巴马从不缺席女儿学校的家长会。"

家庭和工作并不矛盾，关键是如何协调自己的时间。根据最近的一个调查，80%的人认为自己的工作在上班时间就能完成。但同时表示自己经常加班的人却达到了60%。这个数字是矛盾的，说明人们无法协调工作和家庭时间的根源并不在于庞大的工作量，而在于他的工作效率是否高效。

一个总能按时完成工作的人，怎么会没有时间陪伴家人呢？这句话反过来也是成立的：一个没有时间陪伴家人的人，我认为他总会无法按时完成自己的工作。这是我对所有人的忠告——你要改变一下工作和家庭的位置，把家庭放在第一位。当你在潜意识中认为家庭无比重要时，处理工作时就会争取用最高效的方式完成，因为你要把更多的时间留给家人。

把80%的时间留给家人

但有人尽管有足够的时间待在家里，吃饭、看电视或者做点儿别的事情，却从未尽过陪伴亲人和关爱孩子的责任。不久前，有一位爸爸讲了一个令他哭笑不得的笑话：他儿子的幼儿园举办了一次"我的爸爸最厉害"的评选活动，有的小朋友说自己的爸爸是科学家，有的小朋友说自己的爸爸力气很大，还有的小朋友说自己的爸爸是大胃王。轮到他的儿子发言时，小家伙说："我的爸爸上厕所不带手机。"最后，这位爸爸荣耀地当选了"最厉害爸爸"。

在智能设备大行其道的今天，有多少人把过多的时间花费在了手机和电脑上，却不舍得抽出10分钟为孩子讲一个故事、陪孩子看一会儿动画片？你看，仅仅是去厕所的时候不带手机，就已经表明他对家庭给予了比较大的关注，因为这说明他没有让手机占用自己的家庭时间。

忙碌不能成为我们忽视家庭的借口。知名企业的CEO肯定比你更忙，各国领导每天也要处理繁重的事务，但他们却从不赞成一个人可以因忙碌而不顾家庭。比如马云，他作为中国最成功的企业家之一，管理着中国最大的电商公司，每日要过问无数的生意，要充分利用每一分钟。他是一个大忙人，但他对待家庭的态度是值得每个人学习的。

有一天,马云突然接到了学校老师打来的电话,老师说他的儿子最近沉迷于网络,成绩一落千丈。马云十分着急,当天破例早早地回到家中,把老师打电话的事情告诉了自己的妻子张瑛。两人商量了一番,马云的建议是,让妻子牺牲掉工作,回家做个好家长。这个决定不论是对张瑛还是马云,都不太容易,因为当时的阿里巴巴正处于上升期,而张瑛的职位又无人可以替代。如果张瑛离开公司,阿里巴巴短时间内很难找到一个合适的替代人选,公司将面临巨大的损失。但看到一脸灰土、浑身脏兮兮的儿子,夫妻俩最终还是下定决心——张瑛回归家庭做全职太太。起初的一段时间里,刚离开工作的张瑛非常不习惯,但看到自己的儿子渐渐远离网络,成绩得到提高,她觉得自己的决定是无比正确的。

马云说,他曾经见过无数成功的企业家,也见过更多失败的企业家,那些失败者的办公室里无一例外地充满了铜臭味。他们的脑子里、眼里全是美元,张口闭口就是生意,这种企业注定不会走远的。

"Play while you play, work while you work." 这是西方的一句谚语。意思是说:该工作的时候就好好工作,该玩的时候就好好玩。一个人如果连工作时间和家庭时间都分不清楚,又怎么会有效率呢？

　　当我们在敬佩那些爱岗敬业、为工作牺牲家庭的模范时，是不是也该换位思考一下：如果他们能在百忙之中抽出哪怕万分之一的时间留给家人，是不是也就不会留下那么多的遗憾了？

必须和别人一样追名逐利吗？

隔一段时间，就清理那些不切实际的欲望

我有一位朋友在国内一所知名的大学教授心理学。在授课之余，他常常被一些单位请去开讲座。这类邀请听起来像是让他去传授知识，但实际上却是做企业员工的心理疏导工作。这种邀约通常发生在企业选拔干部人才的时候。为了防止那些没有升职的人"有意见"，他要从心理学的角度去做通他们的思想工作，劝他们接受现实、淡泊名利，告诉他们：人生除了加官晋爵，其实还有无数的可能性。

教授说："当我把这些道理告诉他们时，知道有些人是如何回应的吗？他们一边举双手赞成，鼓掌喝彩，现场气氛十分和谐，领导也非常满意；一边又私下给我发短信，发邮件，对我的观点表示强烈的反对。有人说，老先生你站着说话不腰疼，凭什么要我而不是他淡泊名利！"

让竞争失败的人接受现实是很不容易的，因为欲望总在对比中展示它的威力："别人成功了，我却没有，我怎能接受事实？我必须超过他，比他过得好！"失败者的思维不是向下看，而是继续向上。这是人们的正常心理，也是一种根深蒂固的惯性认知。因此我才主张，要让自己充分认识到名利对于幸福的不必要，首先要学会把自己从竞争和攀比的惯性模式中解放出来。当你不再和别人对比时，才能真正意识到自己需要什么。或者说，才能发现自己不需要什么也可以实现价值。思维的转变在这里遇到的是一个高难度的坎，要跨越这个坎也并非一日之功。

每个人都在追求自己的欲望，似乎有欲望才不会被鄙视。相反，如果你没有追求，或者说得直白点儿，不去"拼事业、拼地位"，别人就会觉得你不思进取，进而贬低你的人生观、价值观，同事、亲友和合作伙伴都会瞧不起你。在这种观念的驱使下，很多人都把追名逐利写进了自己的人生座右铭，美其名曰：我追求梦想。

梦想是什么？美丽的梦想就一定要披上名利的外衣吗？很多人追逐名利，但又把自己包装成一个高尚的梦想家。在很多人的价值认同感中，人们普遍能接受追名逐利，但却无法认同追求平凡。不过，越是心态不平静，就越无法从名利的成功中体验到幸福。

汤姆最近刚从旧金山地区的一家知名大企业离职，他本来已经坐到了公司市场主管的职位，只要保持现在的状态，公司的下一位高级副总裁一定非他莫属，拿到百万年薪是板上钉钉的，届时他将成为旧金山首屈一指的商界精英。但汤姆实在厌倦了这种生活，他不想在繁忙的工作和应酬中迷失自我。他已经想到了自己真正想要的生活："我要开一家比萨店，当一个善于制作美食的小老板，既能享受生活，而且收入也不低。"

不过，他的决定在家庭中引发了一场轩然大波。汤姆的太太是一位女强人，对于丈夫"没出息"的行为，她简直出奇的愤怒，表示无法理解。汤姆公布决定的当天，她做的第一件事就是点上一根烟，用力地吸了好几口，然后摔门而出。等她回来后，两个人的争吵便开始了。

"她觉得我可能喝多了，要么就是我需要看医生，不然一个能当副总裁甚至能掌管一家公司的人为什么会突然想要做个揉面团的小老板呢？其实我并不是突然决定这么做的，我早就想这么做了！在经过无数个日夜的深思熟虑后，我才下定了决心。还好，其他的家人都尊重我的决定，我的父母对此没有任何异议，他们早就对我这份把自己累成腰椎间盘突出的工作咬牙切齿，我的孩子们也欢喜不已，他们喜欢吃比萨，而且我终于可以陪他们一起玩球了。"

　　但是汤姆的太太却完全否定了他的想法："男人就要像男人一样在商场上厮杀，过早地追求安逸会让人失去斗志，我不反对他对面粉和蔬菜的热情，但这个决定需要推迟20年才合理，不，最起码30年。"她希望丈夫不要过早从高级写字楼退出来，因为那里才是成功者的舞台；她也希望丈夫始终保持高昂的斗志，去释放自己对于成功的欲望——开一家比萨店除外。

　　汤姆的案例在我的课堂上引发了激烈的讨论，人们对此各执一词。有人是汤姆太太的坚定支持者：

　　"能当高级白领，还是大企业的高管，为何傻到去开小店？"

　　"换成我，我才不会辞职呢，多数人奋斗20年也不会有这样的机会，他竟然轻易地放弃，不可思议！"

　　也有人为汤姆的选择发声：

　　"难道一定要追逐名利才算活得有意义吗？我认为汤姆找到了自己的人生，反对他的人令我感到悲哀。"

　　"既然是赚差不多的钱，当然要去做自己喜欢的事情。"

　　只有少数人发现了这其中的重点：问题并不在于选择追名逐利还是安稳平静，而在于"我到底想要什么"。

　　有人曾经在豆瓣上感慨地说："我每天不停地工作，加班到很晚，真心感觉自己没有时间来思考真正需要的是什么了。我对自己说想要创业，那是真的吗，还是说创业只是我想要的一个光环，只是感觉别人会比较喜欢才去做？"

人的欲望是无止境的，只要你想，欲望就会无穷无尽。如果不及时清除那些不属于自己的欲望，以及那些不合时宜的、无法实现的追求，你就会陷入永远都不满足的深渊。就像汤姆，假如他没有辞职，顺利地当上了公司的副总裁，那么接下来他就又想升为总裁，进入董事会，将来他可能会想去参选议员，参选议员后他想要当州长……到最后他的脚步根本停不下来，未来的人生不再是活给自己的，而是活在了大众的眼中，活给了内心的欲望，他可能穷极一生都活不出自我。

古希腊哲学家德谟克利特说："动物如果需要某样东西，它知道自己需要的程度和数量，而人类则不然。"这句话道出了欲望所赋予我们的危险的基因，欲望会让人不知道停止或后退。正如叔本华所说："财富就像海水，饮得越多，渴得越厉害。"不合理的欲望是阻挡知足思维产生的罪魁祸首，每个人都应对此有足够的警示。因此，我们必须学会定期清理自己的欲望清单。

清理超出自身能力的欲望

谁都希望有很多钱，因为钱在生活中是必需品；或者希望做成一些让众人羡慕、眼红的壮举，但前提是这些目标是我们的能力可以实现的。一次，某个年轻人对我发誓："未来一年我要赚三百万。"我说很好，但是你凭什么做到？你的计划是什么？成功率有多高？他哑口无言。这就是一种非常不理智的目标，欲望是释放出来了，可他并没有能力实现。这样下去，最可能的一个困境就是他的心态会异常浮躁。

清理侵犯道德良知的欲望

如果为了满足内心的欲望就不择手段、侵害他人的利益，这种思维方式与行为模式注定不能给自己带来平静和幸福。现实中确实有许多人，为了实现某些目标，采取功利且不道德的手段，有时甚至涉及违法犯罪，以伤害他人合法权益的方式满足自己的私欲。对于类似的想法，我们要坚决地予以清理，这是任何时候都不应该逾越的底线。

清理影响生活质量的欲望

成为工作狂的滋味是怎样的？以癫狂的状态疯狂对待工作，固然有最大的可能性实现事业上的成功，但付出的却是冷落家庭的代价——每天十几个小时都在工作，没有娱乐、休息的时间，很少和孩子一起度假，与妻子聚少离多，甚至长年在外出差。事业上的欲望，让人把全部的精力、所有的智能、一切的思维奉献给了工作，虽然这可以让你在财富上大获成功，但却严重地影响了自己的生活质量。

　　对人生的幸福而言，这是一个非常危险的信号。对于这种过度的工作上的追求、过大的事业上的野心，每个人都应该注意控制，以免让自己陷入名利的泥潭中。

能够原谅什么很重要

虽然很难，但要成为一个能够放下的人

马云说："人要取得成功一定要具备永不放弃的精神，但当你学会放弃的时候，你才开始进步。"不放弃让你向前看，但放弃却能让你轻装上阵，真正开启未来。

如何理解这个观点？生活中，我们总会面对很多的欲望、冲动和方方面面的需求，但同时也会面对更多的取舍："我是必须没有退路地去做，还是可以早早地放弃？"这既是知足心与欲求心的博弈，也是一个人对不同的思维模式的选择。很多时候，我们不得不放下一些东西，虽然放下是艰难的，但有些东西紧紧抓在手中也未必不会失去。暂时的舍弃，却可能帮助你赢得更多的回报。

这不是单纯的取舍问题，因为在做出取舍决定的过程中，真正发挥作用的是我们的思维。换句话说，一个人如何思考，决定了他会怎么选择；一个人如何选择，决定了他的人生走向哪一个方向。

放下才能真正解决问题

上海的赵先生在课堂上讲述了自己的故事，他说："我有教训和经验，有痛彻心扉的体会。放下思维并不代表让你不争，而是追求真正的平静，让事物回到它应有的样子，使自己心安理得地享受健康的生活。"

赵先生在几年前离婚，前妻获得了女儿的抚养权，并去了另一座城市。为了尽量减少离婚给孩子带来的伤害，赵先生的父母会定期地把孙女接到家乡小住几天。但是这种平静的生活并没有维持多久。有一天，赵先生的前妻忽然带人闯入家中，强行带走孩子，并且推倒了他的父母。赵先生的母亲昏厥过去，被急救车送进了医院。

这当然是一件让人气愤的事情，对方处理这件事的方式粗暴无礼，也并不必要，因为他的前妻完全可以通过合法途径减少赵先生一家人对女儿的探视时间。远在外地的赵先生接到这个消息后极为暴怒，脑海中顿时涌现出无数报复的想法。事情刚发生的那几天，他整宿地失眠，既对对方的做法咬牙切齿，也对自己的无能为力感到羞愧。

接下来应该怎么办？因为牵涉到孩子，类似的事情处理起来总是很有难度。如果毫不退让，后果很难预测，未必就能争取到自己想要的结果。但如果退让，会不会显得自己很窝囊？在经历了一番激烈的思想斗争和换位思考之后，赵先生决定将此事冷处理，即放弃采取同样激烈的手段，而是把事情搁置一段时间，再用温和的方法处理。

如果他去找对方理论，以牙还牙，结果会怎样？

这种行动会出现三种结果：第一，对方避而不见，他的愤怒无处施展，他只会对此更加生气；第二，如果以牙还牙，双方可能会打得不可开交，最后使这件事的性质发生改变，即使他再有道理，也要为自己的行为付出法律的代价；第三，无休止的冤冤相报，伤害最大的还是他的女儿。

如果他自己不出面，交给律师去处理，结果会怎样？

第一，就算暂时见不到孩子，但女儿向来和父亲感情深厚，她总有自由生活和独立做决定的那一天，到那时，他作为父亲总能赢得孩子的理解。对他而言，未来是光明的。第二，他能够避免与对方正面冲突，让律师从法律的角度去处理这件事情，既能给对方必要的法律教训，也能让自己压制的怒火得到释放。第三，孩子幼小的心灵能够避免受到二次伤害。

通过换位思考，他理解了对方的需求，然后放弃了自己的某些要求。

最重要的一点是，赵先生没有只考虑自己的要求，而是站在对方的角度对整件事进行了重新思考——他听说前妻就要再婚了，她可能希望孩子更多地在新的家庭中生活，尽快融入新的环境，但与赵先生的沟通不畅，才会做出这种鲁莽的事。

后来，前妻又对赵先生的父母当面道歉，给予了一定的经济赔偿，在探视权上也做出了承诺和保障。因此，赵先生用自己的"放弃"获得了一个满意的结果。假如他在事件发生的第一时间就大举报复，会发生什么将难以预测。

他说："原谅一些人、一些事，放弃一些东西是非常艰难的，如果你不亲身经历，永远无法体会到那种需要放弃的痛苦。但为了最终的目的，你不得不放下一些东西，恢复内心的平静。仇恨、愤怒、报复、不计后果、索取……这些只会让你变得面目狰狞，到头来你会发现，失去的远比得到的更多。所以在很多时候，我们的思维方式对命运的改变是决定性的，如果我当时采取了另一种不退让的解决办法，现在的局面也许是失控的。"

放下不必要的执着

能够放下，远比能够拿起要值得我们敬佩。放下的结果是轻松，可放下的过程却意味着要违背欲望的要求，做出一次痛苦的选择。放下恩怨，也要放下不必要的执着——对于内心那些繁杂的、凌乱的和不现实的欲望。放下它们，就是在清空我们的头脑，让思维变得清晰、专注、务实与沉静，让思考从此简化并高效地处理那些真正富有价值的问题。就像过河，放弃挑战汹涌的渡口，转而到一个清澈的细流之处，方能获得一种悠然自得的心境。

放下不必要的执着，同时就是原谅自己——原谅自己的做不到。哪些执着是不必要的呢？赵先生遭遇的恩怨是一种，我们生活中时常遇到的那些冲动的欲望也是一种。冲动是欲望的体现方式，但不是每一种欲望都有实现的必要性。在生活和工作中，我们的意识中时时刻刻都在产生大大小小的欲望，有的稍纵即逝，有的却转化为错误的、不合时宜的行动。

努力了很久，却发现距离目标越来越远。

做了长久的准备，却发现自己根本不适合做这件事。

爱了很多年，两个人的感情却走到了尽头。

……

诸如此类的执着，尽管你咬牙坚持，内心仍然有一个声音不断提醒你："嘿，伙计，别逞能了，该放弃了。"在浮躁与宁静、在不自量力地争取与淡然地放弃之间，我们的内心一直在做激烈的博弈。对那些头脑中可以确定的对人生的幸福无济于事的欲望，必须学会果断地放下，舍弃这些不必要的目标，专注地去做那些自己可以胜任的事情。

有一次去老同学家做客，他的书房就是工作中的办公室，摆满了与名人的合影和商业的标志，书桌上放着他的未来计划。他拉着我挨个儿欣赏，逐一介绍："这张是上个月在高尔夫俱乐部，这张是上周在海底捞……这是我投资的项目，那是我下一步的想法……"我说："很好。"还有一句话没告诉他："你活得太累了。"老同学已经是一位成功人士，但他的家不像家，却像一个欲望的加工车间，每一个部件都不可或缺，无法放弃。他可能会这样忙碌一辈子，仍然不觉得满足。

在残酷的竞争中，我们似乎难以获取平和的心境。受到浮躁的心境影响，很多人都养成了追逐欲望的惯性——不这么做，就是不正常的，会被身边的人视为异类。但正因为如此，原谅和放下才显得如此珍贵。

当人们都在跟随大众的脚步狂奔时，为什么不踩一脚刹车，走向大众喧嚣的另一面呢？你只需要闪烁出一个自主思维的火花，调转一次方向，就可以发现另一个别有洞天的世界。在那里，我们能真实地看清自己，并且体会到认知自我、享受生活的快乐！

结语

如何运用本书

在本书的最后需要探讨的也是一个重要的问题：不是通过本书学到了多少思维的知识，而是如何结合生活中的实际需要运用反惯性思维，帮助你取得实际的收益。反惯性思考最应该遵循的一条原则，或者说开启新思维的第一把钥匙是什么？

我的答案是：不要追求一步到位，先打开大脑中思维的牢笼，让思维可以自由地发散。

一次，我给人讲了个故事：

一个警察局局长和一个老头儿下棋。正下到难分难解时，从外面跑来了一个小孩。小孩着急地对局长大喊："你爸爸和我爸爸吵起来了。"老头儿就问："这孩子是你的什么人？"局长回答："他是我的儿子。"

问题来了：吵架的那两个人和小孩分别是什么关系？

故事讲完，我给自己倒上一杯茶，等了20分钟，仍然没有人答对。他们都是名牌大学毕业的高才生，有着傲人的学历和工作成绩，是思维能力很强的一群人。但是面对这个非常简单的问题，他们却仿佛突然遇到了另一种维度的思维，束手无策。

后来我又讲到这个故事，只不过听众从精英变成了一群小孩。讲完不超过5分钟，就有一个孩子给出了答案："一个是他的外公，一个是他的爸爸。"成人迷惑不解的问题，为何小孩很快就找到了问题的答案？因为成人的思维不仅具有强大的惯性，而且被许多固有的常识束缚，无法发散性地思考。人们习惯把警察局局长跟男性联系在一起，再加上故事中的"和老头儿下棋"这个因素的暗示，更加强化了"警察局局长是男性"这种固有的思维。于是，身为精英的成人突然发现，回答这个问题就像走进了一个死胡同。

如果我们的思维不能发散，不能战胜惯性经验，就往往无法得到问题的答案。本来非常简单的问题，摆在面前却像一个迷宫。所以当你放下本书的第一件事，就是解开思维的绳索，跳出思维的鸟笼，让头脑自由地飞翔，不受阅历、经验和常识的左右。

第二条运用原则，是抹掉头脑中的"不可能"，对事物的判断，要创造性地允许任何可能性。

比如这个问题："24个人排成6列，每5个人为一列，我们应该如何排列？"有人看到后就说："每列5人，6列就是30人，不可能是24人啊？所以根本排不出来。"他想了3分钟就放弃了。

为什么"不可能"如此频繁地出现在成年人的脑海中，变成我们思维中的一个怪象？为什么我们想不到其他可能性，甚至都不去想？这是因为在人们的常规思维中，对于"列"的理解总是停留在横向和竖向的层面上——从中学到大学，我们一直接受这种固定思维的灌输和熏陶，早已形成了强大的惯性思维。所以，当必须拿出其他可能性时，我们的第一反应就是"不"，大脑中既定的思维模式阻止我们去创造性地寻求问题的解决方案。

事实上，对于这个问题，我们只要稍加发散，将24个人组成一个等边六边形，就可以完美地得出答案。是的，一个创造性的等边六边形，它就是超出惯性思维创造出来的可能性。

类似的问题还有很多，它们代表着我们在实际生活和工作中的思维运用。我们不仅要在不同的学科中体现出自己的创造性思维，还必须在日常的工作中打破思维的惯性，尽量减少经验的干扰，做出最优的决策。

最后一条运用的原则，是尝试多角度或反向地分析问题，调高思维的宽度与广度。

由于经验强大的惯性，人们通常会在无意识中被限制在某一固定的车道上思考问题——这个状态是不自觉的，我们自身毫无察觉，因此纠正起来是非常困难的。人与人思维模式的差异，是由经验、知识和环境的不同决定的。每一个领域、每一个阶层都有他们独特的思维模式，他们都像各自流水线上特点鲜明、固定和雷同的产品，身上贴着一样的标签，思想层次无法有根本性的区别，也不能超越同类。

要彻底地摆脱经验和习惯对于思维的影响，就不能仅是用单纯的二元、三元乃至四元模式进行自我改造，而是要让自己的头脑获取开放性的宽度与广度，灵活地运用逆向思维，进行反向思考。要多想想问题的反面，并且习惯于用否定句式启发自己进行多角度的思考，得出不同的答案，充分地对比分析，做出最正确的判断。